畜禽饲养管理与疾病防治问答系列丛书

饲养管理与疾病防治问答

◎ 郝常宝　李连任　主编

中国农业科学技术出版社

图书在版编目（CIP）数据

家兔饲养管理与疾病防治问答 / 郝常宝，李连任主编 . — 北京：
中国农业科学技术出版社， 2018.6
ISBN 978-7-5116-3646-1

Ⅰ . ①家… Ⅱ . ①郝… ②李… Ⅲ . ①兔-饲养管理-问题解答
②兔病-防治-问题解答 Ⅳ . ① S829.1-44 ② S858.291-44

中国版本图书馆 CIP 数据核字（2018）第 082014 号

责任编辑	张国锋
责任校对	马广洋

出 版 者	中国农业科学技术出版社
	北京市中关村南大街 12 号　邮编：100081
电　　话	（010）82106636（编辑室）（010）82109702（发行部）
	（010）82109709（读者服务部）
传　　真	（010）82106631
网　　址	http：//www.castp.cn
经 销 者	各地新华书店
印 刷 者	北京富泰印刷有限责任公司
开　　本	880mm×1 230mm　　1/32
印　　张	6
字　　数	178 千字
版　　次	2018 年 6 月第 1 版　2018 年 6 月第 1 次印刷
定　　价	24.00 元

编写人员名单

主　　编　郝常宝　李连任

副 主 编　牛士强　李天丽

其他编者　王立春　汤日新　吕月燕　闫益波

　　　　　　常德雄　张杰雄　庄桂玉　侯和菊

　　　　　　李　童　季大平　于艳霞　李长强

前　言

　　《畜禽饲养管理与疾病防治问答》是一套新型职业农民从事养殖生产的必备参考书目，是作者针对当前农村养殖生产实际，总结近年来农业科技推广经验的基础上编写而成的。全套书由农业科学院专家、学者和生产一线技术服务人员共同参与编写，内容全面系统，实用性强。

　　《畜禽饲养管理与疾病防治问答》分 10 个分册，前期已经出版《肉牛饲养管理与疾病防治问答》和《肉羊饲养管理与疾病防治问答》。这次出版的是生猪、蛋鸡、肉鸡、土鸡、家兔、蛋鸭、肉鸭、鹅等的饲养管理与疾病防控技术，内容包括饲养品种与繁殖、饲料与营养、饲养管理以及养殖场常见疾病防控等内容。

　　在编写过程中，力求语言通俗易懂，简明扼要，既注重普及，又兼顾提高，更注重实用性和可操作性。让广大畜禽养殖者一看就懂，一学就会，用后见效。本书可供新型职业农民从事养殖生产使用，也可供各类养殖场饲养人员、兽医和为畜禽场提供兽医技术服务的临床兽医使用，还可作为畜牧兽医教学、科研的参考资料。

　　在编写本书时，编者虽然百般努力，力求广采博取，但由于水平所限，仍难免挂一漏万，珠沙并蓄。在此，向为本书提供资料、支持本书编写的同仁深表感谢，还望广大读者和同行们对不妥之处不吝指出，以便以后不断修正补充。

　　书中引用资料较多，由于篇幅有限未能一一列出，在此谨一并表示谢意。

编者

2018 年 3 月

目　录

第一章　家兔的品种与繁殖技术

1. 家兔品种类型是如何划分的?

家兔品种有 60 多个品变种和 200 多个品系,多育成于 19 世纪。家兔品种分类方法如下。

（1）按被毛生物学特性分　分为长毛型、标准毛型和短毛型。

①长毛型。毛长 10 厘米以上,粗毛多且突出于绒毛。

②标准毛型。毛长 3 厘米左右,粗毛多且突出于绒毛。

③短毛型。毛长 1.3~2.2 厘米,粗毛不突出于绒毛。

（2）按经济用途分　分为肉兔、毛兔、皮兔、观赏兔。

（3）按体型大小分　分为大型（≥6 千克）、中型（3~5 千克）、小型兔（2~3 千克）、微型兔（<2 千克）。

（4）按国别分　分为国内品种、国外品种。

2. 常见的家兔品种有哪些?

肉用兔品种有国外引进品种和国内品种。其中,我国饲养较多的引进品种主要有新西兰兔、加利福尼亚兔、比利时兔、公羊兔、齐卡肉兔、布列塔尼亚兔、青紫蓝兔、伊拉兔等。国内培育的肉兔品种主要有中国白兔、塞北兔、虎皮黄兔、哈尔滨大白兔等。

皮用兔品种主要是獭兔,按色型分为白色、黑色、蓝色等;按产地分为德系、法系、美系和部分本土獭兔。

皮肉兼用型兔品种主要有青紫蓝兔、丹麦白兔、日本大耳白兔、哈白兔、塞北兔、大耳黄兔等。

毛用兔即安哥拉兔。现在各国饲养的长毛兔,都是引用安哥拉兔,但在不同的自然气候和饲养条件下,采用不同的繁殖和选育方法，培育形成的多种品系。主要有德系安哥拉兔、法系安哥拉兔、日系安哥拉兔、英系安哥拉兔、中系安哥拉兔。

3. 精子是怎样生成的？有什么形态特征？

公兔一般每次的射精量为 0.5~2.0 毫升，平均射精量为 1 毫升左右。每毫升精子密度为 $0.7 \times 10^8 \sim 2 \times 10^8$ 个。家兔的精子首先发生于公兔睾丸小叶中的曲细精管上皮组织中的精原细胞，精原细胞在周围营养细胞的滋养下，经过分裂、增殖和发育等不同生理阶段形成精细胞，然后附着在营养细胞上，再经过变态期而形成。精细胞形成后脱落在曲细精管的管腔中，伴随曲细精管的收缩和蠕动，经睾丸纵隔、睾丸输出管进入附睾的头部，并贮存在附睾中。精子在附睾中具有后熟作用，增强其生命力和对外界环境的抵抗能力。待公、母兔交配时，精子通过输精管与副性腺分泌物一道排出体外。

家兔的精子分头、颈、尾 3 部分，而尾部又分为中段、主段和尾梢 3 段。精子是一种特殊细胞，形状似蝌蚪，全长为 33.5~62.5 微米。精子的头部大部分为细胞核，前部有顶体，后部有核后帽保护，是精细胞的核心，尾部是其运动器官。

4. 卵泡是怎样形成的？

卵子和精子一样，也是经过分化、发育而形成的特殊细胞。当卵子与精子结合，便会形成结合子，继而发育成胚胎直至胎儿。

（1）卵原细胞的增殖　卵巢上的种上皮细胞形成的原始种细胞经过分裂、增殖后，其中有一个种细胞发育成卵原细胞。其他分裂、增殖的种细胞包围在卵原细胞周围，对卵原细胞具有保护和营养功能，这些包围在卵原细胞周围的种细胞称为颗粒细胞。卵原细胞一般在胎儿出生前或出生后不久进行增殖，贮存在卵巢的皮质部，形成卵母细胞。

（2）卵母细胞的生长与成熟　卵母细胞的生长有两个时期：第一个时期，卵母细胞快速增长期，并与卵泡的发育密切相关。第二个时期，卵母细胞增长速度减慢，但卵泡发育迅速，体积增大，其中的卵子也达到其最大的体积。

（3）卵泡的形成　卵泡的形成主要经过原始卵泡、初级卵泡、次级卵泡、生长卵泡和成熟卵泡等阶段。

原始卵泡是由一个卵原细胞和一单层扁平排列的小卵泡细胞构成。

初级卵泡是由一个卵原细胞和两层呈柱状排列的小卵泡细胞构成。

次级卵泡发育时，逐渐移向卵巢皮质部基质的中央，这时增殖的卵泡细胞群形成一个多层细胞群，围绕在卵原细胞的卵黄膜外。在此阶段，卵原细胞和卵泡细胞之间形成一层膜，为透明带。

在卵原细胞周围的卵泡细胞层的细胞分离而逐渐形成隙缝和一个卵泡腔时，即形成生长中的生长卵泡。

成熟卵泡是由卵泡腔内衬以许多层的卵泡细胞，腔里充满一种卵泡液，该液体越积越多，空腔越来越大，这样就形成了成熟卵泡。

（4）排卵　排卵是指卵泡发育到完全成熟的时期，卵子从卵泡中释放出来。家兔在一次发情期间，两侧卵巢所产生的卵子数为18~20个。一般来说，母兔在每个发情期所排出的卵子数比较恒定。

5. 什么是性成熟与适配年龄?

（1）性成熟　兔性成熟是指从出生仔兔经过生长发育到一定年龄，公兔睾丸中能产生具有受精能力的精子，母兔卵巢中能产生成熟的卵子时，就表示该兔子已达到性成熟。部分兔品种性成熟时间见表1-1。

表1-1　兔品种性成熟时间

品种	性成熟时间（月）
福建黄兔	3.5~4
四川白兔	3.5~4
哈尔滨大白兔	5~6
塞北兔	5~6
青紫蓝兔	4~6
新西兰（白）兔	4~5
加利福尼亚兔	4~5
比利时兔	4~6

（2）适配年龄　家兔性成熟要比体成熟早一些。若在性成熟时进行配种，不但影响母兔本身身体的生长发育，而且还会影响出生后的仔兔生产性能，同时母兔由于身体还未发育完全，特别是乳腺还处于发育阶段，导致分娩后的母兔泌乳量低，仔兔的育成率低，此外还会影响母兔以后的繁殖性能和利用年限。不同体型家兔初配年龄见表1-2。

表 1-2　不同体型兔初配年龄

类别	成年兔体重	初配年龄（月）
大型品种	5 千克以上	7~8
中型品种	3.5~4.5 千克（<5 千克）	5~6
小型品种	2~3 千克（<3.5 千克）	4~5.5

6. 什么叫发情周期？

家兔是属于刺激性排卵的草食性动物。在母兔达到性成熟年龄时，在其卵巢上经常有许多卵泡，这些卵泡都处在不同的发育阶段。成熟卵泡通常在与公兔交配或其他刺激行为后的 10~12 小时才排出，所以母兔的发情周期与猪、牛、羊、马等动物相比，变化范围较大，一般 8~15 天为一个发情周期。

如果未对母兔进行排卵刺激，成熟的卵泡在雌激素和孕酮的共同作用下经 10~16 天之后就逐渐萎缩、退化，并被周围组织所吸收，而新的卵泡又开始经过一系列的发育、分化为成熟卵泡，这一过程就是母兔的一个发情周期。

7. 母兔发情后有什么发情表现？

母兔发情时的表现是性情活跃、兴奋，在兔笼内跑跳、刨地、顿足，食欲略有下降，闹圈严重。性欲旺盛的母兔以上行为表现得尤为明显。当将母兔放入公兔笼内后，公兔追逐爬跨时，发情母兔立即伏卧于笼底板上，伸长体躯，并抬高臀部，配合公兔的交配动作。阴门及外生殖器官的可视黏膜呈红色，有的母兔发情征状不明显，外生殖器官的黏膜也不表现出红色状态，此时可根据外阴部含水量进行判断，通常此类母兔发情时外阴部含水量较多。上述发情表现，一般母兔持续 1~4 天，称为发情持续期。

8. 如何对母兔进行诱导发情?

随着家兔产业的迅速发展，家兔养殖规模也不断扩大，为了提高母兔繁殖性能和配种受胎率，诱导母兔同期发情显得非常必要。在国外家兔养殖发达国家同期发情技术和人工授精技术得到普遍应用和推广。

目前，诱导母兔同期发情的方法主要有以下两种。

激素诱导发情：在母兔交配前 48~50 小时，肌内注射孕马血清 25 国际单位 / 只，通过注射激素，改变母兔体内激素水平，从而诱导发情。该方法在前几胎次配种中效果比较明显，但连续繁殖 4~5 胎以上，母兔会出现激素耐受现象，使得同期发情效果逐渐下降。

光照刺激发情：在母兔交配前 7 天，采用人为补光的方式来诱导母兔同期发情。该方法要求每个时间点的灯光强度达到 60 勒克斯以上，在配种前 7 天每天补光时间为 16 小时以上。光照刺激发情是目前比较推崇的诱导母兔发情的方法。

9. 母兔适宜配种的时间在何时?

母兔的一个发情周期，外阴部主要经过白、粉红、红、深红 4 种不同颜色的变化，一般选择最佳适宜配种时期在外阴部颜色为红色时进行。母兔在与公兔交配后的 10~12 小时排卵，卵子排出后进入输卵管，并向子宫方向移动。一个卵子保持受精能力的时间为 6 小时左右。6 小时后的卵子逐渐衰老而失去受精能力。

精子进入母兔生殖器官后，活力强的精子进入子宫，需要 15~30 分钟即可到达输卵管的上 1/3 处的壶腹部，若遇有卵子，即可进行受精。公兔精子保持受精能力的时间为 30 小时左右。

因此，母兔配种的适宜时间为在发情最旺盛阶段，即阴部黏膜呈红色时最好或在刺激排卵后的 2~8 小时内最佳。

10. 公、母兔配种前要做哪些准备工作？

（1）检查种兔健康状况　配种前，要对种公兔和种母兔进行健康检查，患病期间的种兔不能参加配种工作。

（2）编制配种计划　配种前应根据选种选配的要求，编制好配种计划，防止近亲交配，有计划地使用好良种公兔。

（3）搞好清洁卫生　配种前必须清除兔笼内的粪便、污物，搞好清洁卫生工作，特别是公兔笼舍，最好进行一次彻底消毒。

（4）检修好笼舍　配种前应检修好笼舍，特别是笼底板，以防止配种时发生外伤等事故。公兔笼内的食盆、水槽等最好在配种前移至笼外。

（5）注意配种环境　配种时应将母兔放入公兔笼内，切勿将公兔放入母兔笼内，以利于公兔集中精力完成配种任务，提高受胎率。

（6）安排配种时间　配种时间，春秋两季最好安排在上午8—10时，夏季利用清晨和傍晚，冬季选在比较暖和的中午，喂料前后1小时不宜配种。

（7）调整饲养管理　对过瘦的兔要加强营养，过肥的应减少精料喂量，对参加配种的公、母兔应加喂优质青绿饲料，以提高配种受胎率。

（8）定期检查精液品质　对种公兔必须定期进行精液品质检查，及时淘汰生产性能低、精液品质不良（精子密度过低、畸形率高等）的公兔。

（9）做好配种记录　配种前应准备好各种登记表格，及时做好配种、产仔等的记录工作。

11. 什么是母兔的自然配种？

自然配种俗称本交，是指公兔与母兔直接交配。自然配种分为自由交配和人工辅助交配。

（1）自由交配　自由交配是指将公兔与母兔按照一定的比例混养，在母兔发情期间，任凭公、母兔自由交配。自由交配的优点是，方法简单，配种及时，节省人力，可减少母兔漏配。但自由交配存在

6

许多缺点，具体如下。

① 容易发生早配、早孕，导致公兔、母兔的体况下降，同时出生仔兔的生产性能不佳。

② 无法进行有计划地选种选配，同时不能区分后代血缘关系，容易造成近亲交配，极易造成优良品种退化。

③ 无法控制公兔交配次数，配种次数过多，精液品质下降，导致受胎率和产仔数降低，缩短公兔利用年限，不能充分发挥优良种公兔的作用。

④ 不能确切记录配种日期，无法估计预产期，容易造成流产。

⑤ 容易传播疾病。自由交配不适合规模化家兔生产需要。

（2）人工辅助交配 公兔、母兔分笼饲养，母兔发情时，根据配种计划将母兔捉到选定的公兔笼中进行交配。人工辅助交配可以做到有计划地选种选配，避免早配、近亲交配，有利于保持和生产品质优良的兔群；可以控制公兔的配种强度，合理安排配种次数，保持公兔良好的体况和旺盛的性机能，延长种兔利用年限；同时可有效防止疾病的传播。

12. 母兔人工辅助交配法配种前应做好哪些准备工作？

（1）掌握母兔发情征兆 配种人员或饲养人员要准确掌握母兔的发情征兆，勤于观察母兔发情情况，对发情母兔做好标记。

（2）检查配种兔 在进行交配之前，技术人员或饲养人员要对计划配种的公母兔进行逐一检查，确定其健康状况，有疾病（如梅毒、密螺旋体病等）的兔要立即隔离治疗，不能进行繁殖配种。

（3）防止近亲交配 查阅计划配种公母兔系谱档案，防止近亲交配，同时要有计划地使用公母兔。

（4）消毒兔笼 对计划配种公母兔笼进行消毒处理。

（5）准备记录材料 准备好各个兔群的配种记录本和相关资料等。

13. 母兔人工辅助交配法怎样配种？要注意什么？

配种时将发情的母兔放入公兔笼中，母兔静卧、举尾配合公兔交配，公兔阴茎进入母兔阴道后，公兔后躯蜷缩迅速射精，发出"咕咕"叫声，随即从母兔身上滑倒，公兔爬起频频顿足，交配完成。此时，将母兔从兔笼中取出，把母兔臀部提高，轻轻拍击其臀部，使其后躯紧张，阴道收缩将精液吸入，防止精液倒流。将母兔放回原笼中，及时做好配种记录，记录配种日期，与配公兔品种、耳号等信息。

人工辅助交配要注意如下问题。

（1）准确掌握发情状况　做到适时配种，一般在母兔外阴部"大红"时配种。

（2）控制配种频率　注意合理使用公兔，配种性能好的公兔一天内可配1~2次，连用2天，要休息1天。

（3）合理安排配种时间　根据季节、天气状况等安排具体配种时间，夏季将配种时间安排在凉爽的早上或者傍晚，冬季将配种时间安排在气温暖和的中午，确保公母兔顺利交配。

（4）注意配种条件　配种时不能将公兔放入母兔笼中，因为环境的改变容易影响公兔性欲。

（5）检查种兔健康状况　没有达到体成熟的母兔或年龄过大（3岁以上）的母兔、有血缘关系以及患有疾病等情况不能交配。

（6）强制辅助配种　在配种过程中，有时母兔对公兔具有强烈的选择性，发情的母兔在公兔笼中奔跑，逃避公兔，拒绝交配。此时，可调换其他公兔或者对母兔采取强制辅助配种。具体方法：用一条细绳拴住母兔的尾巴，一手抓住母兔的双耳和颈皮将其保定，并拽住细绳，使母兔尾巴贴在背部，露出阴门，另一只手伸到母兔腹部下面，托起母兔臀部，配合公兔爬跨交配。

人工辅助交配法是目前小型养兔场普遍采用的繁殖配种方法。但随着养兔业的不断发展，规模化、集约化、工厂化养殖场的不断涌现，劳动成本的不断提高，导致人工辅助交配法（缺点：需要耗费饲养员大量的时间检查母兔是否发情，导致饲养员工作效率低下，且种公兔利用率较低）已不适应其要求，需要采用更先进、科学的方法进行繁殖配种。

14．人工授精技术有哪些优点？

人工授精技术是指用人工采集优良种公兔精液，对精液进行品质检测，经检测合格的精液通过稀释处理后，借助兔专用输精枪将稀释后的精液输入母兔生殖道内，使其受孕的一种人工配种技术。人工授精是家兔繁殖改良工作中最经济科学的配种方法。家兔人工授精技术在国外早有研究，在20世纪80、90年代已在欧洲养兔发达国家大范围应用，进入21世纪得到深入发展，其受胎率、产仔数显著提高。我国家兔人工授精技术起步较晚，目前国内养兔场采用人工授精进行繁殖配种的不到10%。随着我国养兔业不断的发展，人工授精技术将逐步替代人工辅助交配法已成为不可争议的事实。

人工授精技术的优点如下。

（1）提升管理水平　实现母兔同期发情、同期配种、同期分娩、同期断奶、同期上市的批量化生产，使得管理水平得到极大提升，进一步提高仔幼兔成活率和养殖经济效益。

（2）能充分发挥优良种公兔优势　优良种公兔采精1次，精液稀释后，可给5~20只母兔配种，一只公兔全年可负担上百只母兔的配种任务，这对提高优良公兔利用率和良种繁育体系的建设都具有重要意义。

（3）降低公兔饲养成本　人工授精配种可减少公兔的饲养数量，降低公兔饲养成本。

（4）减少疾病传播　人工授精过程中避免了公兔和母兔直接接触，疾病传播得到有效控制。

（5）可进行异地配种　精液采集后，经过稀释处理，在低温下可较长时间保存，长距离运输，异地配种变为现实。

15．人工授精所需主要仪器有哪些？

（1）人工授精实验室主要仪器　人工授精实验室所需主要仪器见表1-3。

表1-3　人工授精实验室主要仪器

序号	仪器名称	主要用途	备注
1	显微镜	精液品质检测	连电脑视频
2	恒温板	评定精子活力	37℃
3	恒温水浴锅	存放精液、稀释液	30℃
4	高压灭菌锅	灭菌消毒	
5	电子天平	称取试剂	万分之一
6	烘箱	烘干仪器	
7	冰箱	存放物品	
8	车载式恒温箱	保存稀释精液	15~17℃
9	其他玻璃仪器（烧杯、量筒等）	辅助仪器	

（2）采精和输精主要器械　采精和输精主要器械见表1-4。

表1-4　采精和输精主要器械

序号	器械名称	主要用途	备注
1	采精器	采集精液	塑料制作
2	采精内胎	采精器的配套器械	橡胶制作
3	集精瓶	收集和贮存采集的精液	玻璃制作，20毫升
4	试管架	存放集精瓶	与集精瓶配套
5	玻璃棒	蘸取精液	
6	医用托盘	存放器械	
7	输精枪	输精	进口
8	输精枪套管	配套输精枪	保护母兔生殖道

（3）人工授精所需主要药品、试剂　主要药品、试剂见表1-5。

表1-5　人工授精所需主要药品、试剂

序号	药品、试剂名称	主要用途	备注
1	孕马血清	诱导发情	
2	促排3号	刺激排卵	
3	稀释粉或稀释液	稀释精液	购买成品或自配
4	蒸馏水	稀释液配制	
5	生理盐水	稀释药品等	
6	抗生素	抗菌、杀菌	常用青霉素、链霉素

16．什么叫同期发情技术？

在进行人工授精前，根据生产需要制定人工授精计划与工作日程表，按照工作日程表进行各项工作。传统家兔生产中，母兔的繁殖根据其自然发情状况进行配种。由于母兔的自然发情周期不同步，导致不能进行批次化、批量化生产，而且造成生产管理不便，劳动力浪费，生产成本增加。采用母兔同期发情技术，即人为地控制和调整母兔的自然发情周期，使一群母兔中的绝大多数在几天内集中发情，无须进行发情鉴定，定时进行配种或输精，实现同期配种或输精。母兔同期发情是人工授精技术的重要配套技术，也是实现母兔同期配种或输精的前提。目前，家兔生产中主要通过注射外源激素或者光照刺激两种方式调控母兔的同期发情。

17．如何配制精液稀释液？

（1）进口稀释粉的配制　目前国内常用的进口稀释粉主要为法国、德国、西班牙等欧洲养兔发达国家生产。进口稀释粉的配制主要根据说明，按一定比例采用灭菌蒸馏水溶解配制（如法国进口稀释粉，每6克/包，每包溶解于100毫升蒸馏水中），其特点是使用方便，现配现用，但成本相对较高。

（2）自配稀释液的配制　国内也开展了家兔精液稀释液的研制，现推荐几种国内报道的精液稀释液配方及其配制流程，供大家参考。

① 葡萄糖磷酸盐稀释液。首先用万分之一的电子天平准确称取

葡萄糖 6.0 克、磷酸氢二钠 1.69 克、磷酸二氢钠 0.41 克，放入量筒中，再向量筒中加入蒸馏水至 100 毫升刻度位置。使其充分溶解，再装入烧杯中密封，高压灭菌。灭菌完后，取出冷却至室温，再加入青霉素、链霉素各 10 万国际单位，溶解、混匀。

② 葡萄糖 –Tris– 柠檬酸稀释液。首先用万分之一的电子天平准确称取葡萄糖 1.250 克、Tris 3.028 克、柠檬酸 1.675 克，再用移液器准确量取 DMSO（二甲基亚砜）5 毫升，用蒸馏水配制成 100 毫升基础液。待基础液高压灭菌后，取基础液 79 毫升，加卵黄 20 毫升，甘油 1 毫升，青霉素、链霉素各 10 万国际单位，溶解、混匀。

③ 葡萄糖 – 柠檬酸钠稀释液。首先用万分之一的电子天平准确称取葡萄糖 3 克、柠檬酸钠 1.4 克，溶解于 95 毫升蒸馏水中，密封灭菌冷却后，加入 5 毫升卵黄，青霉素、链霉素各 10 万国际单位，溶解、混匀。

（3）自配稀释液注意事项

① 配制稀释液所用器材须尽量洁净，所用试剂应选用分析纯制剂，并要求准确称量。

② 用蒸馏水溶解试剂，不耐高温的试剂应待基础液高温灭菌，温度降至室温后方可添加，如抗生素、卵黄等。

（4）精液稀释液的主要作用

① 扩大精液量，精液稀释液是对精子具有保护作用，并与精液渗透压相当的等渗溶液。

② 稀释液中含有糖类等能量物质，可为精子的生命活动提供能量，如葡萄糖、果糖等。

③ 稀释液也是一种缓冲液，能维持精子生存所需的稳定环境。

④ 稀释液中添加有抗生素，可消灭细菌对精子造成的损害。

18. 家兔人工采精技术的操作要点有哪些？

（1）仪器、器械清洗与消毒

① 耐高温玻璃仪器的清洗与消毒。在人工采精之前将耐高温的玻璃仪器，如集精瓶、烧杯、试管等盛装精液的器皿，先用自来水清洗干净，再用蒸馏水清洗一遍，然后用报纸等包裹好，放入高压灭菌锅

中，进行灭菌消毒。灭菌消毒完成后，取出物品，在烘箱中烘干备用。

② 不耐高温塑料或橡胶器械的清洗与消毒。不耐高温的器械不能采用高压灭菌，如采精器、内胎、输精枪套管等。只能采用 75% 酒精消毒或 0.1% 的新洁尔灭进行浸泡消毒，然后用生理盐水冲洗干净备用。

（2）采精前准备

① 仪器设备准备。采精之前，先将要用的仪器设备（如显微镜、恒温水浴锅、恒温板等）准备完善，为采精后精液品质的评定和人工输精做好准备。

② 制作采精器。检查采精器有无破损，安装好采精器。然后在采精器外壁与内胎间注入 50~55℃ 温水；调节内胎气压，使内胎气压适宜，模拟母兔阴道状态；安装上集精瓶，即可用于采精。

③ 采精方法。选择母兔作为台兔，将母兔放入公兔笼中，让公兔追逐母兔，待公兔准备爬跨母兔时，采精人员左手保定母兔并固定头部，右手握住采精器置于母兔两后肢间，举起母兔后躯，迎合公兔爬跨；公兔爬跨后，调整采精器位置、角度，引导公兔阴茎插入采精器内；当公兔插入温度、压力适宜的采精器内时，即进行交配动作，随后向前一挺，后躯蜷缩完成射精；此时及时将采精器口向上举起，使精液流入集精瓶中，然后取下集精瓶，做好标记，送实验室保存待测。

（3）精液品质检测

① 射精量。待精液中的气泡消失后，直接在集精瓶上读数，即为射精量，做好记录。

② 精液气味与颜色。兔的新鲜精液略有腥味。正常精液颜色为乳白色，浑浊不透明。如果精液颜色为黄色，可能有尿液混入；如果精液发红，可能是公兔生殖器官发生炎症；颜色异常的精液均不能用于输精，须查明原因。

③ pH 检测。采用 pH 计测定精液 pH 值，公兔正常的精液 pH 值为 6.8~7.2。

精子活率评定。精子活率是指精液中呈直线运动精子所占比例。精子的活率是影响母兔受胎率和产仔率的重要因素，也是评定种公兔种用价值的重要指标。精液送到实验室后，立即放入30℃恒温水浴锅中。将恒温板调至37℃，放上载玻片，滴1滴精液在载玻片上，盖上盖玻片，不能有气泡产生，在显微镜400倍下测定精子活率。根据精子活率对精液进行评分，若精子活率为90%，则评分为0.9。在人工授精中，用于输精的精子活力要求0.6以上。

⑤ 精子密度检查。精子密度是指每毫升精液中含有的精子数量，是确定精液稀释倍数的主要依据。目前，家兔精子密度的检测主要采用血细胞平板计数法。

（4）精液稀释

① 稀释方法。事先将配制好的精液稀释液放入恒温水浴锅中，水浴锅中水的温度设置为恒定的30℃。将每份采集、检验符合质量标准的精液（集精瓶盛装）放入30℃恒温水浴锅中，待每份精液温度一致时，先将每一份精液混合成一大份精液。待混合后的精液与稀释液温度一致时，将稀释液沿集精瓶壁缓慢倒入精液中，混合均匀，要求动作轻缓，防止对精子造成物理性损伤。

② 稀释倍数。根据精子活率、密度以及输精时需要的有效精子数决定稀释倍数。每只母兔要求输入的有效精子数为 15×10^6~30×10^6 个。如每只母兔输精量为0.5毫升，稀释后的精液有效精子数应为 30×10^6~60×10^6 个/毫升。

稀释倍数 =（精子密度 × 活率）/ 母兔输精时应输入的有效精子数

③ 稀释后检测。取稀释后的精液于400倍显微镜下，观察精子活率有无变化。若精子活率符合输精要求，即可用于输精。

（5）输精　输精前对输精用器械进行彻底消毒，并用精液稀释液润洗输精枪2~3次，调节输精量。

① 输精部位。家兔阴道长度为8~12厘米，因此，输精部位应在阴道底部靠近子宫颈口处为宜；输精部位不宜太深，避免输精输入一侧子宫内。

② 输精方法。输精时将母兔放在操作台上或平地上。操作时两人合作，一人辅助输精人员保定母兔；输精人员左手抓住兔尾，将兔后肢提起离地；右手持输精枪，将输精枪口向上倾斜，枪口沿母兔

阴道壁背侧插入，避免插入母兔膀胱中；母兔膀胱开口于阴道内 5~6 厘米深腹壁处，且尿道开口较大，输精枪容易误插入其中；输精枪插入阴道 7~8 厘米深，越过尿道口后，将精液注入两子宫颈口处，任精子自由游入两个子宫内；将输精枪拔出，轻拍母兔臀部，刺激母兔后躯紧张，阴道收缩将精液吸入，防止精液倒流；将母兔送回笼中，输精完成。

（6）输精后的处理

① 诱导排卵。输精操作完成后，每只母兔立即肌内注射促排 3 号 0.8 微克。

② 饲养管理。一栋兔舍内母兔人工授精配种完成后，当天晚上不添加饲粮，保持兔舍安静环境，充分供足饮水。第二天按常规饲养管理进行。同时保持人工授精母兔继续每天 16 小时光照时间，直到配种后 11 天检胎。

19. 什么叫母兔的妊娠？母兔妊娠诊断的方法有哪些？

母兔经交配或人工授精后，卵细胞在输卵管中与精子结合形成受精卵，受精卵在母兔子宫内发育形成胎儿，这一系列复杂的生理过程，称作母兔的妊娠，俗称母兔怀孕。

从母兔受孕到分娩产仔前这段时间称为妊娠期，也称作怀孕期。母兔平均妊娠期为 31~32 天，变动范围为 28~33 天。妊娠期的长短受品种、年龄、胎儿数量、营养水平以及环境等因素影响。一般而言大型品种比小型品种母兔妊娠期稍长，老龄母兔比青年母兔妊娠期稍长，胎儿数量少的母兔比胎儿数量多的母兔妊娠期稍长，营养水平好的比营养水平差的母兔妊娠期稍长。

在家兔生产中，妊娠诊断尤其是早期妊娠诊断，对于保胎、减少空怀、提高母兔繁殖力和增加养殖效益具有重要现实意义。对确诊为妊娠的母兔，应加强饲养管理，保证胎儿的发育，预防流产。对未受孕母兔，注意观察再次发情并及时补配，减少空怀时间。对多次配种仍未受孕的母兔进行检查，找出不孕原因并采取针对性措施，失去种用价值的母兔应及时淘汰。

目前，妊娠诊断的方法有多种。家兔生产中常用以下几种方法进行妊娠诊断。

（1）摸胎法　摸胎法操作简便，准确率高，是现阶段养兔生产中妊娠检查最常用的方法。一般在母兔配种后10天左右进行摸胎检查，经验丰富的操作人员在母兔配种后8天即可进行摸胎检查。

具体操作方法：将母兔放在桌面或平地上，兔头朝向操作人员，一手抓住兔耳和颈皮将母兔保定，另一只手手掌向上，拇指与四指张开呈"八"字状，由前至后沿腹部两侧进行触检。若母兔腹部柔软如棉，则表示未受孕；若触摸到花生米大小、可滑动、光滑有弹性的肉球，则可确认为受孕。

摸胎法应注意胚胎与粪球的区别，兔粪球一般较硬，无弹性，呈扁圆形，不光滑，分布面积大且分布位置不规则；胚胎则呈圆形，光滑富有弹性，可滑动，位置比较固定，多数均匀分布于腹部两侧。摸胎法要求动作轻柔，避免造成母兔流产。不同妊娠时间胚胎形状见表1-6。

表1-6　不同妊娠时间胚胎形状

妊娠时间 形状	妊娠 10天	妊娠 12天	妊娠 13~14天	妊娠 15天	妊娠20天
胚胎	花生米 大小	似樱桃 大小	似杏核 大小	似卵黄 大小	长形胎儿， 有胎动

（2）复配检查法　母兔配种5~6天内，将其放入公兔笼中进行复配，若母兔拒绝公兔交配，则认为母兔可能受孕。相反，若母兔接受公兔交配，则认定母兔未孕。此法准确性差，在生产中使用较少。

（3）外部观察法　母兔受孕后表现为发情周期停止，食欲增加，性情变得温顺；由于采食量的增加，母兔体重明显增加，毛色润泽光亮，在怀孕中后期腹围增大明显，这些都是母兔受孕的征兆；结合对母兔进行称重，观察母兔配种前后体重的变化判断母兔是否受孕。

（4）孕酮水平测定法　该方法的原理为：孕酮是胚胎着床前存活和维持妊娠的必需激素，在血液和乳汁中均存在，且怀孕与未怀孕母兔的孕酮水平差异较大，一般采用试纸法进行测定。此法在国外工厂化兔场使用较多，在国内使用较少。

20. 母兔分娩前有什么征兆？如何护理分娩母兔？

分娩是指胎儿在母体内生长发育成熟后，妊娠结束，胎儿及胎盘等附属物正常排出母兔体外的生理过程。

（1）产前征兆　临产前数天，母兔食欲减退，甚至拒绝采食；腹部膨大，乳房肿胀，并可挤出少量乳汁；外阴部肿胀充血，阴道黏膜湿润潮红；母兔临产前1~2天或数小时，开始衔草、拉毛做窝，并将胸腹部乳房周围的毛拉下，铺入窝内。母兔产前拉毛是正常的生理现象，拉毛可以刺激乳腺的发育，增加泌乳量，毛拉得早、拉得多的兔泌乳性能好。少数初产母兔或母性差的母兔不会拉毛，对此类母兔进行人工辅助拉毛，刺激乳腺发育，促进泌乳。分娩前以及分娩过程中和分娩后应避免母兔受到惊扰，引起流产或母兔吃仔兔等意外。

（2）分娩过程　母兔临产时，精神不安，四爪刨地，顿足，子宫在激素的作用下收缩阵痛，母兔弓背努责，排出胎水。分娩时母兔多呈犬卧状，将仔兔连同胎衣顺次产出。母兔边产仔边咬断脐带，并吃掉胎衣，同时舔干仔兔身上的血液和黏液。母兔分娩时间较短，正常产完一窝仔兔只需20~30分钟，也有少数母兔产下一批仔兔后，间隔数小时再产第二批仔兔。

一般情况下母兔不需要助产，如果妊娠期超过预产期还未产仔，或因各种原因造成产力不足，而不能顺利分娩时，可对母兔注射催产药物进行人工催产。如因胎位不正所造成的难产，应先对胎位进行调整，再注射催产药物。分娩结束后，应及时清理产仔箱，清点仔兔数量，在母兔哺乳前称量初生窝重，做好繁殖记录，测定母兔繁殖性能，作为选种选配的参考。

（3）母兔产后护理　分娩结束后，母兔由于失水、失血过多，口渴饥饿，需要及时补充水分。因此，在产前应准备好充足清洁的饮水或糖水，以避免母兔因找不到饮水而残食仔兔。母兔分娩后，生殖道发生了很大的改变，分娩时子宫颈开张松弛，在排出胎儿的过程中产道黏膜表层有可能受损，分娩后母兔子宫蓄积的恶露，为病原微生物的入侵与繁殖提供了适宜的条件。因此，产后母兔容易患产科疾病，在生产中要加强护理。

（4）初生仔兔护理 初生仔兔皮下脂肪少，体温调节能力差，没有御寒能力，应做好保温工作。首先，保证产仔箱内温度，在产仔箱内铺一定厚度的干稻草、兔毛等垫料，可达到较好的保温效果；其次，保证兔舍内环境温度。及时让仔兔吃上初乳，初乳是指母兔产后1~3天所分泌的乳汁，与常乳相比，含有丰富的蛋白质、糖类以及一定量的母源抗体，及时吃到、吃足初乳，可增强仔兔抗病力，提高仔兔成活率。同时要防止猫、狗、老鼠等兽类对仔兔的侵害。

21. 提高母兔"多怀"的技术措施有哪些?

（1）加强选种 家兔留种原则是：父强母优。

留种作为种用公兔的选择：性欲强，生殖器发育良好，睾丸大而匀称，精液浓度及精子活力高，7~8成膘情的青壮年公兔。及时淘汰种公兔群中隐睾、单侧睾丸、生殖器官发育不全及患有疾病治疗无明显效果的个体。

留种作为种用母兔的选择：从生产性能优良母兔的3~5胎中，选择外阴端正、乳房为4对以上的个体留种用。

（2）加强母兔配前及配种期的饲养管理 母兔配种时达7~8成膘情为宜，所以配种前母兔的体况控制至关重要。

对于过瘦的母兔，要适当增加饲喂量，必要时可以采取近似自由采食的方式。有青绿饲草的季节，加喂青绿饲料，冬季加喂多汁饲料，以促进尽快恢复膘情。以粗饲料为主的兔群，可在配种前后的几个关键阶段进行适当补饲，每天补饲50~100克精饲料。关键阶段包括：配种前1周（确保排出最多数量准备受精的卵子）、配种后1周（减少胚胎早期死亡）、妊娠末期和分娩后3周（确保母兔泌乳量，保证幼仔兔最佳生长发育）。

母兔和公兔过肥将严重影响兔群繁殖水平，必须进行减膘，限制饲喂是减膘最有效的方法。可以通过减少饲喂量或减少饲喂次数来实现限制饲喂，也可以通过限制饮水达到限饲的目的（每天只允许家兔接近饮水10分钟，成年兔颗粒料采食量可降低25%，高温情况下的限饲效果尤为明显）。

对非器质性疾病不发情的母兔，可以通过异性诱情诱发发情，也可以通过注射激素人工催情，还可以使用催情散（催情散组方：淫羊藿19.5%、阳起石19%、当归12.5%、益母草19%、香附15%、菟丝子15%）进行催情（每只每日10克拌入料中，连续饲喂7天）。

（3）适时配种　母兔外阴部呈大红或淡紫红色并且充血肿胀时配种，人工输精的最适时机在排卵刺激后2~8小时为宜。

对于发情的母兔，配种应在饲喂后1~2小时进行，一般应在清晨、傍晚或夜间进行。母兔产后配种时间根据产仔多少、母兔膘情、饲料营养、气候条件等而定，对于产仔少、体况良好的母兔，可采用产后配种，一般在产后6~12小时进行，受胎率较高；产仔较少者，可采用产后第14天至第16天进行配种，哺乳期间采用母子分离，让仔兔两次吃奶时间超过24小时，这时配种发情率和受胎率较高；产仔数正常，可采用断奶后配种，一般在断奶当天或第二天进行配种。

（4）合理配种　首先，要制订科学而周密的兔群繁殖计划，尤其是规模化养兔场。周密的兔群繁殖配种计划，既可以保证种兔群的充分和有效利用，又可以尽量避免优良种公兔使用不均造成的使用过度问题；其次，要建立规范的种兔档案，以利于种兔配种计划的制定和实施，避免近亲交配。

（5）双重交配和重复交配　双重交配和重复交配是提高母兔受胎率和产仔数的重要技术措施。双重交配是指同一只母兔连续使用两只公兔进行交配，两只公兔交配的间隔时间不超过20~30分钟。重复交配是指同一只母兔使用同一只公兔进行交配，两次交配间隔时间为6~8小时。生产实践中，根据自己兔群的具体情况选择双重交配或重复交配。

（6）及时进行妊娠检查，减少空怀　配种后及时进行妊娠检查，对未怀兔及时再行配种，尽量减少空怀母兔数量。

（7）科学控光控温，缩短母兔"夏季不孕期"　每天补充强度为20勒克斯的光照至16小时，能有效促进母兔发情。夏季高温季节采取各种措施降温，避免和缩短母兔的夏季不孕期。这样一来，便可有效增加怀孕母兔数量。

22. 母兔"多产"的技术措施有哪些?

（1）提高兔群的适龄母兔比例　保持兔群中适龄母兔比例，减少老龄母兔比例，是保证兔群高繁殖力的有效措施之一。为此，每年必须选留培育充足的后备兔作为补充。兔群中适宜的母兔年龄结构为：壮年兔占50%、青年兔占30%。

（2）频密繁殖和半频密繁殖　频密繁殖即常说的"血配"，是在母兔产后1~2天内配种；半频密繁殖，是在母兔产后12~15天配种。频密繁殖和半频密繁殖能提高优良母兔的年产仔窝数，但频密繁殖或半频密繁殖后，母兔利用年限缩短，必须及时更新繁殖母兔群。另外，频密繁殖或半频密繁殖必须在饲料营养水平及饲养管理水平较高的条件下进行，而且不能连续进行。所以，生产实践中，要根据自身情况来选择。

（3）杜绝近亲交配　近亲交配不仅会降低家兔的机体体质，影响健康和正常的生长发育，而且还会大大影响兔群的繁殖能力。所以，必须建立健全种兔档案，做好配种记录和选种选配、配种繁殖计划，避免甚至杜绝近亲交配。

（4）保证饲料饲草质量　饲喂霉烂及冰冻饲料会引起胎儿死亡及母兔流产，大大影响家兔的繁殖力。所以，必须保证家兔饲草饲料质量。

（5）防止管理粗暴和严重惊吓　妊娠母兔的饲养管理必须精细、精心，抓兔时动作要轻，粗暴的管理和严重的惊扰都可能造成母兔流产。

（6）孕期要小心用药　妊娠母兔长期使用药物，会造成胎儿死亡，严重的会造成母兔流产。所以，对妊娠母兔用药要小心谨慎。

（7）严格淘汰、定期更新　种兔应定期进行繁殖成绩和健康检查，及时淘汰产仔数少、老龄、屡配不孕、有食仔癖、患有严重乳房炎及子宫积脓的母兔，同时及时给兔群补充青年种兔。

第二章 家兔的营养与饲料

1. 家兔所需要的营养素主要有哪些？

营养是动物维持生命和生产的重要基础。家兔在维持生命和生产过程中所需要的营养素主要分为能量、蛋白质、粗纤维、脂肪、矿物质、维生素和水等。

（1）能量 家兔的一切生命活动都需要能量。据试验，成年兔每千克饲料中需含消化能 8.79~9.2 兆焦，育成兔、妊娠母兔和泌乳期母兔需含消化能 10.46~11.3 兆焦。能量的主要来源是饲料中的碳水化合物、脂肪和蛋白质。兔对大麦、小麦、燕麦、玉米等谷物饲料中的碳水化合物具有较高的消化率，对豆科饲料中的粗脂肪消化率可达 83.6%~90.7%。

实践证明，如果日粮中能量不足，就会导致生长速度减慢，产肉（毛）性能明显下降。但是，日粮中能量水平偏高，也会因大量易消化的碳水化合物由小肠进入大肠，出现异常发酵而引起消化道疾病；同时因体脂沉积过多，对繁殖母兔来说会影响雌性激素的释放和吸收，从而损害繁殖机能，对公兔来说则会造成性欲减退、配种困难和精子活力下降等。因此，控制能量供应水平对养好家兔极为重要。

（2）蛋白质 蛋白质是一切生命活动的基础，也是兔体的重要组成成分。据试验，生长兔、妊娠母兔和泌乳期母兔的日粮中，蛋白质的需要量分别以含粗蛋白质 16%，15% 和 17% 为宜。如果日粮中蛋白质水平过低，则会影响家兔的健康和生产性能的发挥，表现为体重减轻，生长受阻，公兔性欲减退，精液品质降低；母兔发情不正常，不易受孕。相反，日粮中蛋白质水平过高，不仅造成饲料浪费，还会加重盲肠、结肠以及肝脏、肾脏的负担，引起腹泻、中毒、甚至死亡。

必须指出，蛋白质品质是家兔营养中的重要问题。蛋白质品质高低主要取决于组成蛋白质的氨基酸种类及数量。按家兔的营养需要，必需氨基酸有精氨酸、赖氨酸、蛋氨酸、组氨酸、亮氨酸、异亮氨酸、苏氨酸、缬氨酸、甘氨酸、色氨酸和苯丙氨酸等。经试验证明，在日增重35~40克的育成肉兔日粮中，应含有精氨酸0.6%、赖氨酸0.65%、含硫氨基酸0.61%。赖氨酸和蛋氨酸是限制性氨基酸，对家兔的营养作用十分重要，其含量高则对其他氨基酸的利用率高，在家兔日粮中适当添加赖氨酸和蛋氨酸，也就提高了蛋白质的利用率。

实践证明，多种饲料配合饲喂，可充分发挥氨基酸之间的互补作用，明显提高饲料蛋白质的利用率。棉籽饼中添加赖氨酸和蛋氨酸，菜籽饼中添加蛋氨酸是家兔最好的蛋白质饲料。因此，在饲养实践中，必须重视多种饲料的合理搭配和日粮的加工调制。

（3）粗纤维　粗纤维是指植物性饲料中难消化的物质，它在维持家兔正常消化机能、保持消化物稠度、形成硬粪及消化运转过程中起着重要的物理作用。成年兔饲喂高能量、高蛋白质日粮往往事与愿违，不但不能产生加快生长的效应，反而会导致消化道疾病，其主要原因是粗纤维供给量过少，因而使肠道蠕动减慢，食物通过消化道时间延长，造成结肠内压升高，从而引起消化紊乱，出现腹泻，死亡率增加。但日粮中粗纤维含量过高，也会引起肠道蠕动过速，日粮通过消化道速度加快，营养浓度降低，导致生产性能下降。

据试验，日粮中适宜的粗纤维含量为12%~14%。幼兔可适当低些，但不能低于8%；成年兔可适当高些，但不能高于20%。6~12周龄的生长兔饲喂含粗纤维8%~10%的日粮可获得最佳生产效果。如果粗纤维水平提高到13%~14%，则饲料转换率降低12%~15%。

（4）脂肪　脂肪是提供能量和沉积体脂的营养物质之一，也是构造兔体组织的重要组成成分。据试验，成年兔日粮中的脂肪含量应为2%~4%，妊娠和哺乳母兔日粮中应含4%~5%。日粮中脂肪含量不足，则会导致兔体消瘦和脂溶性维生素缺乏症，公兔副性腺退化、精子发育不良，母兔则受胎率下降、产仔数减少。相反，日粮中脂肪含量过高，则会引起饲料适口性降低，甚至出现腹泻、死亡等。

家兔体内的脂肪主要是由饲料中的碳水化合物转变为脂肪酸后而合成的。但脂肪酸中的十八碳二烯酸（亚麻油酸）、十八碳三烯酸（次亚麻油酸）和二十碳四烯酸（花生油酸）在兔体内不能合成，必须由饲料中供给，称为必需脂肪酸。必需脂肪酸在兔体内的作用极为复杂，缺乏时则会引起生长发育不良，公兔精细管退化，畸形精子数增加和母兔繁殖性能下降等不良现象。

（5）水　水是家兔生命活动所必需的物质。体内营养物质的运输、消化、吸收和粪便的排除，都需要水分。此外，家兔体温的调节和机体的新陈代谢活动都需要水的参与。在缺水情况下，常会引起食欲减退，消化机能紊乱，甚至死亡。

据试验，家兔的需水量一般为采食干物质量的 1.5~2.5 倍，家兔每日每只每千克体重的需水量为 100~120 毫升。当然，家兔的饮水量还与季节、气温、年龄、生理状态、饲料类型等因素有关。炎热的夏季饮水量增加；青绿饲料供给充足，饮水量减少；幼兔生长发育快，饮水量相对比成年兔多，哺乳母兔饮水量更多。

（6）矿物质　矿质元素在兔体内的含量很少，约占成年兔体重的 4.8%，但参与机体内的各种生命活动，在整个机体代谢过程中起着重要作用，是保证家兔健康、生长、繁殖所不可缺少的营养物质。

钙和磷是家兔体内含量最多的矿质元素，是构成骨骼的主要成分，日粮中钙、磷不足，则会引起幼兔的佝偻病、成年兔的软骨病。钠和氯在机体酸碱平衡中起着重要作用，也是维持细胞体液渗透压的重要离子，如长期缺乏则会引起食欲减退，生长迟缓，饲料利用率下降。据试验，家兔日粮中适宜的含钙量为 1%~1.5%、磷为 0.5%~0.8%；日粮中食盐的添加量为 0.5% 左右；钾的适宜含量为 0.6%~1%，镁的含量为 0.25%~0.35%；每千克日粮中锌的添加量为 50 毫克、铜为 5 毫克、钴为 1 毫克、硒为 0.1 毫克。

（7）维生素　维生素是一类低分子有机化合物，在家兔体内含量甚微，大多数参与酶分子构成，发挥生物学活性物质作用，与家兔的生长、繁殖、健康等关系较为重要的有维生素 A、维生素 D、维生素 E、维生素 K。据试验，生长兔和种公兔每千克体重每日需维生素 A 8 微克，繁殖母兔需 14 微克，相当于每千克日粮中应含维生素 A

580 国际单位和 1 160 国际单位。成年新西兰（白）兔，每千克日粮含维生素 D 900~1 000 国际单位即可满足其需要；维生素 E 的最低推荐量为每天 0.32 毫克／千克体重；维生素 K 的推荐量为每千克日粮 2 毫克。

2. 家兔消化系统有哪些解剖特点？

（1）特殊的口腔结构　家兔上唇正中央有一纵裂形成豁唇，使门齿易于露出而便于采食地面的短草和啃咬树皮等。兔的门齿较发达，上颌为双门齿，为切断饲草之用，具有不磨损和生长的特性，所以有啃食性，喜食较硬的饲料和啃咬竹木结构兔笼设备的习性。

（2）发达的胃肠　家兔的胃是单室胃，容积较大，约为消化道总容积的 36%，可容纳采食的糊状饲草料 60~80 克；家兔的肠道器官发达，尤以盲肠最为发达，其长度与体长相近，其容积约占消化道总容积的 42%，盲肠中有 25 个螺旋状皱褶的螺旋瓣，有大量的微生物，类似于牛羊的瘤胃起发酵作用，盲肠对食物尤其是对粗纤维的消化起重要作用。

（3）特有的淋巴球囊　在回肠与盲肠相接处的膨大部位有一厚壁圆囊，称之为淋巴球囊。盲肠中存在大量微生物，发酵粗纤维，将其分解为挥发性脂肪酸，而淋巴球囊则能分泌碱性液体，中和盲肠中因微生物发酵而产生的过量有机酸，维持盲肠中适宜的酸碱度，创造微生物适宜的生存环境，保证盲肠对粗纤维的正常消化功能。

3. 家兔对饲料的消化利用特点是什么？

（1）粗纤维的消化与利用　兔对粗纤维的消化主要在盲肠中进行，消化率比反刍动物低，据测定，兔对粗纤维的消化率为 14%，而牛、马、猪分别为 44%、41%、22%。粗纤维对家兔必不可少，有助于形成硬粪，并在正常消化运转过程中起一种物理作用。当饲料中粗纤维低于 5% 时，引起兔消化紊乱，采食量下降，腹泻。如果粗纤维含量过高时，日粮中所有营养成分的消化率都会下降。家兔日粮中粗纤维的适宜含量为 10%~14%，因生理阶段的不同略有不同。

（2）淀粉的消化与利用　家兔盲肠内淀粉酶的活性较高，因而家兔盲肠利用日粮中淀粉、糖产生能量的能力较强。但如果喂给富含淀粉的日粮，小肠难以完全消化，因此高淀粉日粮往往会引起家兔发生拉稀。

（3）蛋白质的消化与利用　家兔盲肠和其中的微生物都会产生蛋白酶，而这些蛋白酶能有效地利用饲草中的蛋白质，甚至对低质饲草中的蛋白质也有较强的利用能力。

（4）家兔对日粮钙和磷及其比例的要求　家兔对日粮中的钙和磷及其比例要求不严格。一般为1%左右，当日粮中钙含量多到4.5%，钙磷比例高达12：1时，也不降低其生长率，骨骼灰分正常。家兔能忍受高钙水平，而磷含量不能过高（1%以内），否则日粮的适口性降低，兔拒绝采食。

4．家兔有哪些食性及摄食行为？

（1）哺乳和吸吮行为　12日龄以内的仔兔除吃乳外，几乎都在睡觉。15日龄以内的仔兔一般每天哺乳2次。

（2）草食性　家兔是草食性动物，能采食各种饲草、野菜、树叶等。家兔不喜欢采食鱼粉等动物性饲料，日粮中动物性饲料一般不宜超过5%，否则将影响兔的食欲。

（3）食粪习性　家兔有吃自己排出的软粪的习性。据观察，兔的食粪行为并不完全发生于夜间，白天也食粪，两者并无明显差别。软粪是盲肠深部的内容物，一排出肛门即被兔吃掉，兔不吃落到地板上的软粪。软粪中富含蛋白质及B族维生素。家兔通过食软粪，重复利用各种养分，重新合成优质蛋白，从而提高了对营养物质的消化率。

（4）采食和饮水行为　家兔食草时，会将草一根根从草架拉出，先吃叶，后吃茎和根部，所剩部分连同拖出的草，往往落到承粪板上造成浪费；家兔有扒槽的习性，常用前肢将饲料扒出草架或食槽，有的甚至将食槽掀翻；家兔喜食甜味饲料和多叶鲜嫩青饲料，喜食颗粒饲料而不喜欢吃粉料；家兔是夜行性动物，夜间饮水量为全天的70%左右。通常在采食干饲料后饮水。

5. 青干草有什么利用特点？

青干草是指天然草场或人工栽培牧草适时刈割，再经干燥处理后的饲草。晒制良好的青干草，颜色青绿，气味芳香，质地柔软，适口性好；叶片不脱落，保持了绝大部分的蛋白质、脂肪、矿物质和维生素。适时刈割晒制的青干草，营养含量丰富，是家兔的优质粗饲料。青干草主要包括两大类，即豆科青干草和禾本科青干草，也有极少数其他科青干草。

（1）豆科青干草　豆科牧草由豆科饲用植物组成的牧草类群，又称豆科草类。豆科牧草主要有苜蓿、三叶草、草木樨、红豆草、紫云英等属，其中紫花苜蓿和白三叶草是最优良的牧草。大多为草本，少数为半灌木、灌木或藤本。豆科青干草是指豆科牧草干燥后的饲草，其营养特点是：粗蛋白含量高而且蛋白质量好，粗纤维含量较低，钙及维生素含量丰富，饲用价值高，所含蛋白可以取代家兔配合饲料中豆饼（粕）等的蛋白而降低饲料成本。

目前，豆科牧草以人工栽培为主，如我国各地普遍栽培的苜蓿、红豆草等。豆科牧草最佳刈割时期为现蕾至初花阶段。国外栽培的豆科牧草以苜蓿、三叶草为主，法国、德国、西班牙、荷兰等养兔先进国家的家兔配合饲料中，苜蓿和三叶草的比例可占到45%~50%，有的甚至高达90%。

（2）禾本科青干草　禾本科青干草来源广泛、数量大、适口性较好、易干燥、不落叶。与豆科青干草相比较，粗蛋白含量低、钙含量低、胡萝卜素等维生素含量高。

目前，禾本科牧草以天然草场为主，其最佳刈割时期为孕穗至抽穗阶段。此时，粗纤维含量低、质地柔软，粗蛋白、胡萝卜素含量高，产量高。禾本科青干草在兔配合饲料中可占到30%~45%。

6. 家兔作物秸秆类粗饲料主要有哪些？

作物秸秆是农作物收获籽实后的副产品。如玉米秸、玉米芯、稻草、谷草、麦秸、豆类和花生秸秆等。这类粗饲料粗纤维含量高达30%~50%，其中的木质素比例大，一般为6%~12%，所以适口性差、消化率低、能量价值低；蛋白质含量只有 2%~8%，且品质也较差，缺乏必需氨基酸（豆科作物较禾本科作物的秸秆要好些）；矿物质含量高，如稻草高达 17%，其中大部分为硅酸盐，钙、磷含量低，比例也不适宜；除维生素 D 以外，其他维生素都缺乏，尤其是胡萝卜素。因此，作物秸秆的营养价值非常低，但由于家兔饲料中需要有一定量的粗纤维，这类饲料原料作为家兔配合饲料的组成部分主要作用是补充粗纤维。

（1）玉米秸 营养价值因品种、生长时期、秸秆部位、晒制方法等不同而有所差异。一般来说，夏玉米秸比春玉米秸营养价值高，叶片较茎营养价值高，快速晒制较长时间风干的营养价值高。晒制良好的玉米秸秆呈青绿色，叶片多，外皮无霉变，水分含量低。玉米秸秆的营养价值略高于玉米芯，与玉米皮相近。

利用玉米秸作为家兔配合饲料中粗饲料原料时必须注意以下方面。

① 防发霉变质。玉米秸有坚硬的外皮，秸内水分不易蒸发，贮藏备用时必须保证玉米叶和茎都晒干，否则会发霉变质。

② 加水制粒。玉米秸秆容重小，膨松，为保证制粒质量，可适当增加水分（以 10% 为宜），同时添加黏结剂（如加入 0.7%~1.0% 的膨润土），制出的颗粒要注意晾干水分降至 8%~10%。

③ 适宜的比例。玉米秸秆作为家兔配合饲料中粗饲料原料时，其比例可占 20%~40%。

（2）稻草 稻草是家兔重要的粗饲料原料。据测定，稻草含粗蛋白质 5.4%、粗脂肪 1.7%、粗纤维 32.7%、粗灰分 11.1%、钙 0.28%、磷 0.08%。稻草作为家兔配合饲料中粗饲料原料时，其比例可占 10%~30%。稻草在配合饲料中所占比例比较高时，要特别注意钙的补充。

（3）麦秸 是质量较差的家兔粗饲料原料，其营养成分因品种、生长时期等的不同而有所差异。

麦类秸秆中，小麦秸的分布最广，产量最多，但其粗纤维含量高，并含有较多难以被利用的硅酸盐和蜡质，长期饲喂容易"上火"和便秘，影响生产性能。麦类秸秆中，大麦秸、燕麦秸和荞麦秸的营养较小麦秸要高，且适口性好。麦类秸秆在家兔配合饲料中的比例以5%左右为宜，一般不超过10%。

（4）豆秸　在收割和晾晒过程中叶片大部分凋落，剩余部分以茎秆为主，所以维生素已被破坏，蛋白质含量减少，营养价值较低，但与禾本科作物秸秆相比较，其蛋白质含量相对较高。以茎秆为主的豆秸，多呈木质化，质地坚硬，适口性差。豆秸主要有大豆秸、豌豆秸、蚕豆秸和绿豆秸等。

在豆类产区，豆秸产量大、价格低，深受养兔者的欢迎。家兔配合饲料中豆秸可占35%左右，且生产性能不受影响。

（5）谷草　谷草是禾本科秸秆中较好的粗饲料原料。谷草中的营养物质含量相对较高：干物质占89.8%，其中粗蛋白质3.8%、粗脂肪1.6%、粗纤维37.3%、无氮浸出物41.4%、粗灰分5.5%。谷草易贮藏、卫生、营养价值高，用于制粒时制粒效果好，是家兔优质秸秆类粗饲料。家兔配合饲料中谷草比例可占到35%左右。使用谷草作为粗饲料原料，而且比例比较大时，应注意钙的补充。

7. 家兔作物秧及藤蔓类粗饲料主要有哪些？

作物秧及作物藤蔓是家兔的一类优良粗饲料。主要有：花生秧、甘薯蔓等。

（1）花生秧　花生秧是一种优良的粗饲料原料，其营养价值接近豆科干草，干物质占90.00%以上，其中粗蛋白质4.60%~5.00%、粗脂肪1.20%~1.30%、粗纤维31.80%~34.40%、无氮浸出物48.10%~52.00%、粗灰分6.70%~7.30%、钙0.89%~0.96%、磷0.09%~0.10%，并含有铜、铁、锰、锌、硒、钴等微量元素。花生秧应在霜降前收割，鲜花生秧水分高，收割后要注意晾晒，防止发霉。晒制良好的花生秧应色绿、叶全、营养损失较小。花生秧作为家兔配合饲料中粗饲料原料时可占35%。

（2）甘薯蔓　又称红薯、白薯、地瓜、红苕等。甘薯蔓可作为家兔的青绿饲料，也可作为家兔的粗饲料。甘薯蔓中含有胡萝卜素3.5~23.2毫克/千克。可作为家兔的青绿饲料来鲜喂，也可晒制后作为粗饲料使用。因其鲜蔓中水分含量高，晒制过程中一定要勤翻，防止腐烂变质。晒制良好的甘薯干蔓营养丰富，干物质占90%以上，其中粗蛋白质6.10%~6.70%、粗脂肪4.10%~4.50%、粗纤维24.70%~27.20%、无氮浸出物48.00%~52.90%、粗灰分7.90%~8.70%、钙1.59%~1.75%、磷0.16%~0.18%。甘薯蔓在家兔配合饲料中可加至35%~40%。

8. 作物荚（秕）壳对兔有什么营养价值？

类（秕）壳类粗饲料原料主要是指各种植物的籽实壳，其中含有不成熟的农作物籽实。其营养价值高于同种农作物秸秆（花生壳除外）。

豆类荚壳可占兔饲料的10%~20%，花生壳的粗纤维含量高达60%，生产中以花生壳作为家兔的主要粗饲料原料占30%~40%，对青年兔和空怀兔无不良影响，且兔群很少发生腹泻。但花生壳与花生饼（粕）一样，极易感染霉菌，使用时应特别注意。

谷物类秕壳的营养价值比豆类荚壳低。其中，稻谷壳因其含有较多的硅酸盐，不仅会给制粒机械造成损害，也会刺激兔的消化道引起溃疡，稻壳中有些成分还有促进饲料酸败的作用；高粱壳中含有单宁（鞣酸），适口性较差；小麦壳和大麦壳营养价值相对较高，但麦芒带刺，对家兔消化道有一定的刺激。因此，这些秕壳在家兔配合饲料中的比例不宜超过8%。

葵花籽壳在秕壳类粗饲料原料中营养价值较高，可添加10%~15%。

9. 家兔常用的牧草有哪些？如何栽培？

种植优良牧草，不仅可确保标准化、规模化肉兔生产中饲草资源的安全无公害，而且可为肉兔生产提供营养丰富且质量稳定的粗饲料源，同时可较为有效地降低规模化商品肉兔生产的饲料成本。紫花苜蓿等优质牧草，是家兔理想的饲料来源，在养兔业发达国家已广泛应用。规模化兔场可根据存栏规模或商品肉兔年出栏规模，制订全年优质粗饲料生产供应计划。

（1）选择牧草品种应注意事项

① 了解当地的气候条件、土壤质地、酸度、水肥条件和主要栽培牧草对土质、水肥等方面的要求，切忌不切实际地盲目引种。

② 了解掌握适合当地主要栽培牧草的饲用价值（营养价值、适口性以及限制性因子的种类、含量及其对家兔的健康和生产性能的影响），切勿受社会上虚假广告的影响，种植那些看似产量很高而实际上对家兔而言饲用价值很低的所谓"优质牧草"。

③ 根据规模大小和所选牧草的种类，制订青饲轮供和优质干草供应计划。

（2）家兔常用优良栽培牧草　适合规模化兔场、品质优良的栽培牧草种类较多，主要有紫花苜蓿、籽粒苋、串叶松香草、冬牧 70 黑麦、墨西哥玉米、苦荬菜等。因牧草种类很多，现介绍几种最为适合规模化兔场栽培牧草的特点及种植技术。

① 紫花苜蓿。是一种多年生豆科牧草，一般利用年期为 3~4 年。其最大特点是适应性广，产量较高，营养全面，消化率高，适口性好，特别是含有极为丰富的蛋白质、有接近全价标准的氨基酸含量和未知生长因子，单位土地面积蛋白质的产量和家兔可消化营养物质总产量居各类牧草之冠。因此被誉为"牧草之王"，是家兔最为理想的饲料来源，早在 20 世纪 70、80 年代就已成为法、德、美等世界养兔业发达国家家兔颗粒饲料的基础。

播种：紫花苜蓿对土壤的要求不严，除黏土、低湿地和酸性土质外，从粗沙土到轻黏土皆能生长，亦适合轻度盐碱地，而以排水良好、土质深厚、富于钙质的土壤生长最好。北方地区宜于 9 月份秋播，如 3、4 月春播，务必做好苗期除草工作。紫花苜蓿种子细小，千粒重 1.5~2.0 克，纯净而发芽率高的种子需要量为 0.75~1.0 千克 / 亩（1 亩 ≈ 667 米^2）。如条播，行距为 25~30 厘米，播深 2~3 厘米；与其他作物间作时，行距可以增加至 40 厘米；亦可以育苗移栽，撒播效果较差。播种前整地宜精细，要做到深耕细耙，上松下实，且忌有大土块。基肥最好施厩肥，2 500 千克 / 亩。有灌溉条件的地区，播前应先灌水以确保出苗整齐。无灌溉条件的地区，整地后应行镇压以利保墒。苜蓿利用年限长，出苗不均对以后的生产影响极大。

田间管理：紫花苜蓿根系发达，入土深度可达 3~6 米，有很强的抗旱能力。在梅雨季节，应及时排水，保持土壤通气良好，不能连续 24 小时积水，否则会造成大面积死亡。在干旱或炎热夏季，灌溉可显著增加刈割次数，提高产量。早春返青及每次刈割之后，应中耕松土、除草、浇水并追肥。

刈割及饲用：紫花苜蓿最适宜的刈割时期是初花期，即在第一多花出现至 10% 开花、根茎上又长出大量新芽的阶段。生产中还应根据具体情况而定，青饲宜早，制干草的可在盛花期刈割。北方当年春播的，年内可刈割 2~3 次；秋播的，第 2 年 4 月上旬开始刈割，约 1 个月刈割 1 次，夏季和每年的 10 月份以后停止刈割，年可割 4~5 茬；种子田，5 月份以后应停止刈割。每次刈割留茬高度为 4~5 厘米。因土质不同，单产一般为 2 000~5 000 千克/亩，产量以第 3 年最高，年内各次产量以第 1 茬为最高，占总产量的 40%~50%。

紫花苜蓿刈割后即鲜喂，亦可晒制后加工成干草粉，作为冬季和早春季节家兔全价颗粒或配合饲料一种优质的粗饲料。但在鲜喂时应注意，开花前的紫花苜蓿含皂角素，单一饲喂可使家兔发生臌气病，每天应适当控制喂量或与禾本科草混喂；在晒制时应注意，因其叶片极易脱落，最好应在水泥地或平硬地上晒制，以利于叶片的收集。

② 串叶松香草。是一种多年生菊科牧草，一般利用年限可达 8~10 年，最长可达 15 年。第 1 年生长缓慢，产量较低，第 2 年后每年亩产鲜草可达 10 000~20 000 千克，其鲜叶粗蛋白含量为 3.2%，是家兔优质的青饲料。

播种：串叶松香草对水肥要求较高，播种前应施足底肥。播种量为 0.15~0.2 千克/亩，北方地区每年 3—10 月均可播种，种子在播种前需用 30℃ 温水浸泡 12 小时，然后育苗，早春气温较低时，育苗地应用塑料薄膜或干草覆盖，以提高地温起到保墒效果。待幼苗长至 3~4 个叶子时，即可移栽。移栽密度为 4 000~5 000 株/亩，如做种子田，可定苗在 1 000~1 500 株。

田间管理：生长期间，旱季和每次刈割 2~3 天后后应需注意浇水施肥，以保证较高的产草量。雨季应注意排水防涝。

刈割及饲用：种植 2 年以上的割草田，每年可刈割 4~5 茬，留茬高度为 15~20 厘米，以利生长。适合鲜喂，亦可晒干加工成干草粉。因叶背面长有浓密的白毛，并有轻泻反应，饲喂量应逐渐增加。

③ 冬牧 70 黑麦。是一种一年生禾本科牧草，其耐寒性极强，在 −20~−15℃的低温下不受冻害，丰产性好，再生力强，返青早，且品质优良。每千克鲜草含总能 2.65 兆焦、粗蛋白 4.39%、粗脂肪 1.06%、粗纤维 2.44%，是冬季和早春季节家兔理想的青绿饲料。

播种：在北方，冬牧 70 黑麦一般 8—9 月秋播，亦可 3、4 月春播，播种前要求整地施足底肥，播种量为 5.0~7.5 千克/亩，行距 15 厘米，播深 3~4 厘米。

田间管理：冬牧 70 黑麦的田间管理较为简单，主要应注意每次刈割后，及时追肥、浇水、松土，以提高产草量。

刈割及饲用：8 月秋播的，入冬前长至 25 厘米左右可刈割一次；10—11 月播种，当年不宜刈割，待第 2 年 3 月上旬开始刈割，可割 2~3 次，鲜草产量 1 000~2 000 千克/亩。如兼收种子，4 月以后则不能再割。冬牧 70 黑麦一般适合鲜喂。

④ 墨西哥玉米。系一年生禾本科牧草，具有分蘖性强、再生性强、高产优质等优点，产量一般为 5 000~10 000 千克/亩，其干物质中粗蛋白含量为 13.68%、粗纤维 22.73%、赖氨酸 0.42%，达到高赖氨酸玉米的水平，是较好的家兔青绿饲料。

播种：墨西哥玉米一般于 4 月份春播，播种量为 0.6 千克/亩，播前将种子用 20℃水浸泡 24 小时，开行点播，每穴 2~3 粒，行株距 35×30 厘米或 40×30 厘米，实生株群 5 000~6 000 株/亩，播种后施撒基肥，基肥用厩肥混拌适量的磷肥，1 000~1 500 千克/亩，或复合肥 10 千克，并盖 3~4 厘米碎土。

田间管理：墨西哥玉米苗期在 5 叶前生长缓慢，5 叶后开始分蘖，生长转旺，应定苗补缺，并施氮肥 5 千克/亩。以后每刈割 1 次，待再生苗高 5 厘米后，追肥盖土。苗高 30 厘米时，施氮肥 6 千克/亩。

刈割及饲用：待苗高 40 厘米即可刈割，留茬 5 厘米。以后每隔 15 天刈割一次，每留茬比原来稍高 1~1.5 厘米。在北方生育期为 200~230 天，一年可割 7~8 次。适合鲜喂，亦可晒干加工成干草粉。

⑤ 苦荬菜。苦荬菜又名苦麻菜、山莴苣、鹅菜、良麻、八月老，是一种菊科一年生或越年生草本植物。苦荬菜适应性强、产量高，亩产可达 3 000~4 000 千克，而且鲜嫩可口、消化利用率高，营养十分丰富，其干物质中粗蛋白含量为 23.63%、粗脂肪 15.53%、粗纤维 14.53%、无氮浸出物 29.01%、灰分 17.30%，是炎热夏季家兔优质的青绿多汁饲料。

播种：苦荬菜一般于 3 月下旬至 4 月上旬播种，播种前施足基肥，施厩肥 5 000 千克/亩。播种量为 0.5 千克/亩，播种方法一般采用条播、亦可穴播或撒播。条播行距为 25~30 厘米。直接穴播时，行距株距平均为 20~25 厘米，每穴下种子 10~15 粒。育苗移栽者，种子需要量 0.1~0.2 千克/亩，移栽行距 25~30 厘米，株距 10~15 厘米，当幼苗长至 5~6 片真叶时即可移栽。

田间管理：直播的苗高 4~6 厘米、育苗移栽定植 10 天左右就要中耕除草，注意每次刈割后都要进行中耕、追肥和灌溉一次。

刈割及饲用：春播的 5 月上旬株高长至 40~50 厘米时即可开始刈割，留茬 5~8 厘米，以利再生。6—8 月生长特别旺盛，一般每隔 20~25 天刈割一次，一年割 4~5 次。苦荬菜可分批播种，分期采收，4—8 月，可连续收割，不断供应，是家兔重要的青饲轮作饲料。

10. 家兔常用能量饲料原料有哪些？

通常把粗纤维含量低于 18%、粗蛋白含量低于 20% 的饲料原料称作能量饲料原料。能量主要饲料原料包括谷物籽实类、糠麸类及油脂类等。能量饲料原料是家兔配合饲料中主要能量来源。能量饲料原料的共同特点是：蛋白含量低、且蛋白质品质较差，某些氨基酸含量不足，特别是赖氨酸和蛋氨酸含量较少；矿物质含量磷多、钙少；B族维生素和维生素 E 含量较多，但缺乏维生素 A 和维生素 D。

（1）谷物籽实类能量饲料原料　谷物籽实类是兔的主要能量饲料原料，作为兔能量饲料原料的谷物籽实主要包括：玉米、高粱、小麦、大麦、燕麦等。

（2）糠麸类能量饲料原料　糠麸类饲料原料是粮食加工副产品，资源比较丰富。主要有：小麦麸和次粉、米糠、小米糠、玉米糠、高粱糠等。

（3）油脂类能量饲料原料　油脂是最好的一类能量饲料原料，包括植物油脂和动物油脂两大类，特点是能值很高。家兔日粮中添加适量的脂肪，不仅可以提高饲料能量水平，改善颗粒饲料质地和适口性，促进脂溶性维生素的吸收，提高饲料转化率和促进生长，同时能够增加皮毛的光泽度。但在我国养兔生产实践中，很少有人在饲料中添加脂肪，一方面人们认为正常情况下家兔日粮结构中多以玉米作为能量饲料原料，其脂肪含量一般可以满足家兔需要；另一方面饲料中添加的脂肪必须是食用脂肪，否则质量难以保证，所以价格较高，必将提高饲料成本。我国养兔生产实践中，无论是自配料，还是市场上众多的商品饲料，其能量水平均难以达到家兔的饲养标准，所以有必要在家兔饲料中添加适量油脂。

11. 如何感官判断兔用饲料原料玉米的质量？

玉米的感官判定主要包括外观（色泽气味）、水分、不完善粒（尤其是发霉粒）、出芽率等。

（1）色泽气味　玉米的正常色泽呈黄色或白色（白玉米），无发霉味、酸味、虫及杀虫剂残留，具体参考 GB/T 5492-2008 及 GB/T 20570。

（2）水分　感官判断方法见表2-1。

表2-1　玉米水分感官检测法

玉米水分	脐部	牙齿咬	手指掐	大把握	外观
14%~15%	明显凹下有皱纹	震牙，有清脆声	费劲	有棘手感	—
16%~17%	明显凹下	不震牙，有响声	稍费劲	—	—
18%~20%	稍凹下	易碎，稍有响声	不费劲	—	有光泽

（续表）

玉米水分	脐部	牙齿咬	手指掐	大把握	外观
21%~22%	不凹下，平	极易碎	掐后自动合拢	—	较强光泽
23%~24%	稍凸起	—	—	—	强光泽
25%~30%	凸起明显	—	掐脐部出水	—	光泽特强
30%以上	玉米粒呈圆柱形	—	压胚乳出水	—	—

（3）不完善粒　包含发霉粒、热损伤粒、生芽粒、病斑粒及虫蛀和杂质。

（4）出芽率　参考 GB/T 5520—2011 粮油检验发芽试验。

12. 家兔常用蛋白质饲料原料有哪些？

通常将粗蛋白质含量在20%以上的饲料原料称为蛋白饲料原料。蛋白饲料原料是家兔饲粮中蛋白质的主要来源。根据来源不同，蛋白饲料原料分为两大类，即植物性蛋白饲料原料和动物性蛋白饲料原料。

（1）植物性蛋白饲料原料　植物性蛋白饲料原料是家兔饲粮蛋白质的主要来源，包括豆类作物（主要包括有大豆、黑豆、绿豆、豌豆、蚕豆等）、油料作物籽实加工副产品（如花生饼（粕）、葵花籽饼（粕）、芝麻饼、菜籽饼（粕）、棉籽饼（粕）等）以及其他作物加工副产品（如玉米蛋白粉、玉米蛋白饲料、玉米酒精蛋白（DDGS）、喷浆蛋白（喷浆纤维）、玉米胚芽饼（粕）、麦芽根、小麦胚芽粉等）。

（2）动物性蛋白饲料原料　动物性蛋白饲料原料是指渔业、食品加工业或乳制品加工业的副产品。这类饲料原料蛋白质含量极高（45%~85%），蛋白品质好，氨基酸品种全、含量高、比例适宜；消化率高；粗纤维极少；矿物质元素钙磷含量高且比例适宜；B族维生素（尤其是核黄素和维生素 B_{12}）含量相当高，是优质蛋白质饲料原料。

常用的动物性蛋白饲料原料有鱼粉、蚕蛹粉与蚕蛹饼、血粉、羽毛粉、肉骨粉和肉粉、血浆蛋白粉等。

（3）单细胞蛋白饲料原料　单细胞蛋白是指单细胞或具有简单构造的多细胞生物的菌体蛋白，由此而形成的蛋白质较高的饲料称为单细胞蛋白（SCP）饲料，又称微生物蛋白饲料。主要有酵母类（如酿酒酵母、热带假丝酵母等）、细菌类（如假单胞菌、芽孢杆菌等）、霉菌类（如青霉、根霉、曲霉、白地霉等）和微型藻类（如小球藻、螺旋藻等）4类。

家兔饲粮中添加饲料酵母，可以促进盲肠微生物生长，减少胃肠道疾病，增进健康，改善饲料利用率，提高生产性能。但家兔饲粮中饲料酵母的用量不宜过高，否则会影响饲粮适口性，降低生产性能。用量以2%~5%为宜。

13. 家兔常用矿物质、微量元素补充饲料有哪些？

家兔饲料中虽然含有一定量的矿物质元素，而且由于其采食饲料的多样性，在一定程度上可以互相补充而满足机体需要，但在舍饲条件下或对高产家兔来说，矿物质元素的需要量大大增加，常规饲料中的矿物质元素远远不能满足生产需要，必须另行添加。

常量矿物质元素补充饲料主要有食盐、钙补充饲料（碳酸钙、石粉、石灰石、方解石、贝壳粉、蛋壳粉、硫酸钙等，其中以石粉和贝壳粉最为常见）、磷补充饲料（如磷酸氢钙类和骨粉）。

目前，由于微量元素添加量比较少，单质微量元素长久贮存后容易出现结块等，除大型饲料生产企业和大型规模化养殖场采购单体微量元素化合物外，生产中大部分使用市场上销售的"复合微量元素"添加剂产品。

"复合微量元素"添加剂产品有通用（各种家畜通用），也有各种家畜专用的，而专用产品更具针对性，效果更好，一般建议用家兔专用产品。规模化养兔场也可以委托微量元素添加剂企业代加工自己场的专用产品，质量会更稳定，效果会更好。

自然界中的一些物质中含有丰富的天然矿物质元素，包括有稀土、沸石、麦饭石、海泡石、凹凸棒石、蛭石等。

14. 家兔常用的饲料添加剂有哪些?

饲料添加剂是指在饲料加工、制作、使用过程中添加的少量或微量物质。饲料中使用饲料添加剂的目的在于，完善饲料中营养成分的不足或改善饲料品质，提高饲料利用率，抑制有害物质，防止畜禽疾病及促进动物健康。从而达到提高动物生产性能、改善畜产品品质、保障畜产品安全、节约饲料及增加养殖经济效益的目的。饲料添加剂的种类繁多，用途各异，目前国内大多按其作用分为营养性饲料添加剂和非营养性饲料添加剂两大类。添加剂是现代配合饲料不可缺少的组成部分，也是现代集约化养殖不可缺少的内容。

（1）营养性饲料添加剂　营养性添加剂主要是用来补充天然饲料营养（主要是维生素、微量元素、氨基酸）成分的不足，平衡和完善日粮组分，提高饲料利用率，最终提高生产性能，提高产品数量和质量，节省饲料和降低成本。营养性饲料添加剂是最常用而且最重要的一类添加剂，包括氨基酸、维生素和微量元素三大类。

（2）非营养性饲料添加剂　非营养性饲料添加剂是添加到饲料中的非营养物质，种类很多，其作用是提高饲料利用率、促进动物生长和改善畜产品质量。非营养性饲料添加剂包括：生长促进剂、驱虫保健剂、饲料品质改良剂、饲料保存改善剂和中药添加剂等。

中草药的成分和作用比较复杂，特异性差，绝大多数中草药兼有营养性和非营养性两方面的作用，很难加以区分，所以中草药添加剂也就很难区分营养性和非营养性。中草药添加剂被真正深入研究推广是在 20 世纪 80 年代，目前已有近 300 种中草药作为饲料添加剂使用。这里按所用中草药种类的多少分为单方和复方来汇总一些家兔用中草药添加剂及其使用效果。

① 单方中草药添加剂。

大蒜：每只兔日喂 2~3 瓣大蒜，可防治兔球虫、蛲虫、感冒及腹泻。饲料中添加 10% 的大蒜粉，不仅可提高日增重，还可以预防多种疾病。

黄芪粉：每只兔日喂 1~2 克黄芪粉，可提高日增重，增强抗病力。

陈皮：家兔饲料中添加 5% 的橘皮粉可提高日增重，改善饲料利用率。

石膏粉：每只兔日添喂 0.5% 石膏粉，产毛量可提高 19.5%，也可治疗兔食毛症。

蚯蚓：含有多种氨基酸，饲喂家兔有增重、提高产毛、提高母兔泌乳等作用。

青蒿：青蒿 1 千克，切碎，清水浸泡 24 小时，置蒸馏锅中蒸馏取液 1 升，再将蒸馏液重新蒸馏取液 250 毫升，按 1% 比例拌料喂服，连服 5 天，可治疗兔球虫病。

松针粉：每天给兔添加 20~50 克，可使家兔体重增加 12%，毛兔产毛量提高 16.5%，产仔率提高 10.9%，仔兔成活率提高 7%，獭兔毛皮品质提高。

艾叶粉：用艾叶粉取代基础日粮中 1.5% 的小麦麸，日增重提高 18%。

党参：美国学者报道，党参提取物可促进兔的生长，使体重增加 23%。

沙棘果渣：据报道，饲料中添加 10%~60% 的沙棘果渣喂兔，能使适繁母兔怀胎率提高 8%~11.3%，产仔率提高 10%~15.1%，畸形、死胎减少 13.6%~17.4%，仔兔成活率提高 19.8%~24.5%，仔兔初生重提高 4.7%~5.6%，幼兔日增重提高 11%~19.2%，青年母兔日增重提高 20.5%~34.8%，还能提高母兔泌乳量，降低发病率，使兔的毛色发亮。

② 复方中草药添加剂。

催长散：山楂、神曲、厚朴、肉苁蓉、槟榔、苍术各 100 克，麦芽 200 克，淫羊藿 80 克，大黄 60 克，陈皮、甘草各 20 克，蚯蚓、蔗糖各 1 000 克，每隔 3 天添加 0.6 克，新西兰（白）兔、加利福尼亚兔、青紫蓝兔增重率分别提高 30.7%、12.3% 和 36.2%。

催肥散：麦芽 50 份、鸡内金 20 份、赤小豆 20 份、芒硝 10 份，共研细末，每只兔日喂 5 克，添加 2.5 个月，比对照组多增重 500 克。

增重散：黄芪 60%、五味子 20%、甘草 20%，每只兔日喂 5 克，家兔日增重提高 31.41%；或用苍术、陈皮、白头翁、马齿苋各 30 克，黄芪、大青叶、车前草各 20 克，五味子、甘草各 10 克，共研细末，每日每只兔 3 克，提高增重率 19%；或用山楂、麦芽各 20 克，鸡内金、陈皮、苍术、石膏、板蓝根各 10 克，大蒜、生姜各 5 克，以 1% 添加，日增重提高 17.4%。

催情散：党参、黄芪、白术各 30 克，肉苁蓉、阳起石、巴戟天、狗脊各 40 克，当归、淫羊藿、甘草各 20 克，粉碎后混合，每日每只兔 4 克，连喂 1 周，对无发情表现的母兔，催情率为 58%，受胎率显著提高，对性欲低下的公兔，催情率达 75%；或用淫羊藿 19.5%、当归 12.5%、香附 15%、益母草 34%、阳起石 19%，每日每只兔 10 克，连喂 7 天，有较好的催情效果。

15. 家兔常用的青绿多汁饲料有哪些?

青绿多汁饲料一般指的是天然水分含量高于 60% 的一类饲料，凡是家兔可食的绿色植物都包含在此类饲料中。这类饲料来源广、种类多，主要包括牧草类、青刈作物类、蔬菜类、树叶类、块根块茎类等。

青绿多汁饲料具有很好的适口性和润便作用，与干、粗饲料适当搭配有利于粪便排泄。一般水分含量为 70%~95%，柔软多汁，适口性好，消化率高，具有轻泻作用，而能值低。一般含粗蛋白质为 0.8%~6.7%，按干物质计为 10%~25%。含有多种必需氨基酸，如苜蓿所含的 10 种必需氨基酸比谷物类饲料多，其中赖氨酸含量比玉米高 1 倍以上。粗蛋白质的消化率达 70% 以上，而小麦秸仅为 8%。

青绿多汁饲料最突出的特点是维生素含量丰富而且种类多，这是其他饲料无法比拟的，如与玉米籽实相比，每千克青草胡萝卜素高 50~80 倍，维生素 B_2 高 3 倍，泛酸高近 1 倍。另外，还含有烟酸、维生素 C、维生素 E 及维生素 K 等，不含维生素 D。矿物质含量丰富，尤其是钙、磷含量多而且比例合适。豆科牧草的含钙量高于其他科植物。

16. 什么叫饲养标准？使用饲养标准应注意哪些问题？

饲养标准，也即营养需要量，是通过长期研究、无数试验，给不同畜种、不同品种、不同生理状态、不同生产目的和不同生产水平的家畜，科学地规定出应该供给的能量及其他各种营养物质的数量和比例，这种按家畜不同情况规定的营养指标，便称为饲养标准。饲料标准中规定了能量、粗蛋白、氨基酸、粗纤维、粗灰分、矿物质、维生素等营养指标的需要量，通常以每千克饲粮的含量和百分比数来表示。家兔饲养标准是设计家兔饲料配方的重要依据。

使用饲养标准应注意以下几个问题。

（1）因地制宜，灵活运用　任何饲养标准所规定的营养指标及其需要量仅为参考，实际生产中要根据自身的具体情况（品种、管理水平、设施状态、生产水平、饲料原料资源等）灵活应用。

（2）实践检验，及时调整　应用饲养标准时，必须通过实践检验，利用实际运用效果及时进行适当调整。

（3）随时完善和充实　饲养标准本身并非永恒不变的，需要随生产实践中不断检验、科学研究的深入和生产水平的提高来进行不断修订、充实和完善的。

17. 我国家兔的饲养标准是什么？

国外对家兔营养需要量研究较多的国家有：法国、德国、西班牙、匈牙利、美国及苏联。我国家兔营养需要研究工作起始于20世纪80年代，但至今尚未形成规范的家兔饲养标准。部分国内不同研究单位推荐的家兔和獭兔营养需要标准或建议营养供给量见表2-2和表2-3，供参考。

表2-2　南京农业大学等单位推荐的中国兔建议营养供给量

营养成分	生理阶段				
	生长兔		妊娠兔	哺乳兔	生长育肥兔
	3~12 周龄	12 周龄后			
消化能（兆焦/千克）	12.12	10.4~11.29	10.45	10.8~11.29	12.12
粗蛋白质（%）	18	16	15	18	16~18
粗纤维（%）	8~10	10~14	10~14	10~12	8~10
粗脂肪（%）	2~3	2~3	2~3	2~3	3~5
蛋+胱氨酸（%）	0.7	0.6~0.7	0.6~0.7	0.6~0.7	0.4~0.6
赖氨酸（%）	0.9~1.0	0.7~0.9	0.7~0.9	0.8~1.0	1
精氨酸（%）	0.8~0.9	0.6~0.8	0.6~0.8	0.6~0.8	0.6
钙（%）	0.9~1.1	0.5~0.7	0.5~0.7	0.8~1.1	1
磷（%）	0.5~0.7	0.3~0.5	0.3~0.5	0.5~0.8	0.5
食盐（%）	0.5	0.5	0.5	0.5~0.7	0.5
铜（毫克/千克）	15	15	15	10	20
锌（毫克/千克）	70	40	40	40	40
铁（毫克/千克）	100	50	50	100	100
锰（毫克/千克）	15	10	10	10	15
镁（毫克/千克）	300~400	300~400	300~400	300~400	300~400
碘（毫克/千克）	0.2	0.2	0.2	0.2	0.2
维生素 A（千国际单位/千克）	6~10	6~10	8~10	8~10	8
维生素 D（千国际单位/千克）	1	1	1	1	1

（资料来源：杨正，现代养兔，1999 年 6 月，中国农业出版社）

表 2-3　中国农业科学院兰州畜牧研究所推荐的肉用兔饲养标准

营养成分	生理阶段			
	生长兔	妊娠母兔	哺乳母兔及仔兔	种公兔
消化能（兆焦/千克）	10.46	10.46	11.30	10.04
粗蛋白质（%）	15~16	15.00	18.00	18.00
蛋能比（克/兆焦）	14~16	14	16	18
钙（%）	0.5	0.8	1.1	—
磷（%）	0.3	0.5	0.8	—
钾（%）	0.8	0.9	0.9	—
钠（%）	0.4	0.4	0.4	—
氯（%）	0.4	0.4	0.4	—
含硫氨基酸（%）	0.5		0.60	
赖氨酸（%）	0.66		0.75	
精氨酸（%）	0.90		0.80	
苏氨酸（%）	0.55		0.70	
色氨酸（%）	0.15		0.22	
组氨酸（%）	0.35		0.43	
苯丙氨酸+酪氨酸（%）	1.20		1.40	
缬氨酸（%）	0.70		0.85	
亮氨酸（%）	1.05	—	1.25	—

18. 家兔配合饲料配方设计的原理是什么？

　　配方设计就是根据家兔营养需要特点、饲料营养成分及特性，选择适当的饲料原料，并确定适宜的比例和数量，为家兔提供营养全面而平衡、价格低廉的配合饲料，在保证家兔健康的前提下，使家兔充分发挥其生产性能，获得最大的养殖经济效益。

　　设计饲料配方时，首先要掌握家兔的营养需要和采食量（饲养标准）、饲料原料的营养成分及营养价值、饲料的非营养特性（适口性、毒性、抗营养性、制粒特性、来源渠道、市场价格）等，同时还应通过养兔生产实践的检验。

19. 家兔配合饲料配方设计的基本要求有哪些？

设计配方不仅要满足动物的营养需要和采食特点，而且要适应本地区饲料原料资源情况，成本最优、效益最好。一个好的饲料配方应符合以下要求。

（1）营养丰富而且平衡　一个好的饲料配方，其中的营养成分及含量要能充分满足家兔生产、生长需要；并且各营养元素间搭配比例要合理，营养平衡，以免造成某种营养的浪费。

（2）便于采食且易于消化　设计配方时选用的原料及配制好的饲料，应符合饲喂对象采食和消化生理特点，适口性好，喜食，而且消化率要高。

（3）充分利用本地饲料资源　根据当地饲料资源情况设计配方，充分利用本地饲料原料资源，降低运输费用及饲料成本。

20. 配合饲料配方设计需要哪些资料？

进行饲料配方设计时，必须首先具有以下几方面的资料，才能进行数学计算。

（1）使用对象及营养需要量和饲养标准　不同生理阶段家兔对营养物质的需要量不同。因此，在设计饲料配方时，首先要考虑配方的使用对象，并了解其营养需要量（饲养标准）。饲养标准是进行饲料配方设计的原则和依据。

目前，养兔发达国家（法国、德国、美国等）都已根据自己国家的养殖品种和饲养条件等制定了相应的饲养标准，而我国兔的饲养标准尚处于摸索阶段，没有统一的饲养标准。家兔养殖企业可根据兔场的实际情况，尤其是兔的品种和生产水平，选择国内、外相关标准或配方作为参考。

（2）饲料原料种类、营养和价格

① 原料种类和来源。进行配方设计时，要了解所能用原料的数量、种类和来源。一般情况下，宜充分利用本地饲料原料资源，一方面因减少交通运输和采购等费用而降低原料价格，另一方面因本地原料生长环境、加工方式相对稳定，质量也会相对稳定，从而保证所配

制饲料质量也能相对稳定。

②原料的营养成分和营养价值表。饲料原料成分和价值表是通过对各种原料进行化学分析，再经过计算、统计，并经过动物饲喂，在消化代谢的基础上进行营养评价后的结果。客观地反映了各种饲料原料的营养成分和营养价值，对合理利用饲料资源、提高生产效率、降低生产成本具有重要作用。饲料配方设计就是根据饲养标准所规定的养分需要量，选择饲料原料，在应用饲料原料营养成分和营养价值表，经科学计算获得符合需要的饲料配方。原料的营养成分受品种、气候、贮藏等因素影响，计算时最好以实测营养成分为好，不能实测时可参考国内外营养成分表。

③生产加工及贮存过程饲料营养成分的变化。原料通过生产加工成配合饲料的过程中，对营养成分有一定的影响，尤其是一些微量成分。如在粉碎、制粒等加工过程对维生素生物学效价、氨基酸利用率均有影响；饲料在贮藏过程中，维生素成分也会受到很大损失。所以，设计配方时，应适当提高添加量。实际生产中设计配方时，一般将原料中所含维生素和微量元素作为保险量，而根据家兔的需要量足量加入相应的添加剂。青绿饲料充足时，其中的含量应适当予以考虑。

④饲料的品质和适口性。配制饲料时，不仅要满足家兔的营养需要，还应考虑品质和适口性。饲粮的适口性直接影响家兔的采食量，适口性好的饲粮，家兔喜欢吃，可提高饲养效果。实践证明，家兔喜食植物性饲料或有甜味和脂肪含量适当的饲料，不喜食鱼粉、肉骨粉、血粉等动物性饲料。

兔对霉菌毒素极为敏感，配制饲料时必须注重饲料原料品质，不使用发霉、变质原料配制饲粮，以免引起家兔中毒。

⑤原料价格。设计饲料配方时，必须考虑原料价格。同一地区不同来源的原料，价格差异也会比较大。所以在选择原料时，必须进行质量价格比的比较，在满足营养需求，符合使用条件、范围的基础上，选用质优、价廉、本地化、来源广的原料，这样才能配制出最优的质量价格比的配方，获得最佳效益。

（3）日粮类型、预期采食量、预期生长速度和生产性能

① 日粮类型。进行饲料配方设计前，应了解所设计的配方是哪一种饲料，粉状配合饲料还是颗粒配合饲料。规模化家兔养殖场建议选用颗粒配合饲料。

② 预期采食量。进行饲料配方设计前，应考虑家兔的采食量，因为家兔每天的营养需要量只能由饲料来供给，而家兔的消化道容积是有限的，所以饲料必须保证一定的营养浓度。营养浓度过低，即使家兔采食大量的饲料仍不能满足营养需要；如果营养浓度过高，又会因家兔采食量过低而造成消化道过空，使家兔产生食欲、食入过多而造成饲料浪费。

③ 预期生长和生产效果。进行饲料配方设计时，还应考虑饲喂对象生长速度和生产性能，因为家兔对饲料的需求除满足维持需要外，还应保证一定的生长速度和生产水平，所以配制饲料时要考虑饲料的消化利用率、家兔的正常采食量和正常生长速度、生产性能，以便配制出合理的饲料。

（4）掌握普通原料的大致比例　不同原料在饲粮中的比例，不仅取决于原料本身的营养成分和含量、营养特性及非营养特性，而且取决于各种配伍的原料情况。根据家兔养殖生产实践，常用原料的大致比例见表2-4。

表2-4　家兔饲粮中一般原料用量的大致比例及注意事项

原料类型	常用种类	大致比例	注意事项
粗饲料	干草、秸秆、树叶、糟粕、藤蔓类等	20%~50%	多种搭配使用
能量饲料	玉米、大麦、小麦等谷物籽实及小麦麸等糠麸类	25%~35%	玉米比例不宜过高
植物性蛋白质饲料	豆粕、葵花粕、花生粕等	5%~20%	花生饼没霉变
动物性蛋白质饲料	鱼粉、肉骨粉、血粉、羽毛粉等	0~5%	不使用劣质及变质原料
钙、磷饲料	骨粉、磷酸氢钙、石粉、贝壳粉	1%~3%	骨粉没变质

（续表）

原料类型	常用种类	大致比例	注意事项
添加剂	微量元素、维生素、药物添加剂等	0.5%~1.5%	严禁使用国家明令禁止的违禁药物
限制性饲料	棉籽饼、菜籽饼等有毒有害饼粕	< 5%	种兔饲粮尽量不用棉籽粕

21. 配合饲料配方设计的原则有哪些?

（1）采用与饲养对象相适应的饲养标准　经济合理的饲料配方必须依据饲养标准规定的营养物质需要量进行设计，在选用与饲养对象相适应的饲养标准的基础上根据实际生产中家兔的生长和生产性能情况进行适当调整，一般是按家兔的膘情、季节等条件变化对饲养标准进行上下 10% 的调整，家兔配合饲料配方设计还需要掌握以下原则。

① 能量是饲料的基本指标。所有家兔饲养标准中，能量都是第一项指标，只有在满足了能量需要的基础上才能进一步考虑粗蛋白质、粗纤维、矿物质等其他营养指标，微量元素和维生素的不足通过使用添加剂来补充。否则，如果能量不能满足时，将要对配方的多种原料进行调整。

② 营养物质之间的比例要合乎标准要求。如果营养物质之间的比例不合适，会造成营养不平衡而导致营养不良。

③ 控制饲料中粗纤维含量。家兔是单胃草食家畜，配制家兔配合饲料时，必须保证一定的粗纤维含量。不同品种、不同生理阶段的粗纤维含量必须满足需要。

（2）选用适宜的饲料原料　适宜饲料原料应考虑以下几个方面。

① 营养成分和营养价值。适合家兔需要。

② 品质。新鲜、无霉变、质地良好；有毒、有害成分不超标；含有毒有害物质及抗营养因子的原料要限量。

③ 来源。尽量本地化，来源稳定，质量稳定。

④ 饲料体积。适合家兔的消化道容积，保证一定容积。低密度原料（干草、糠麸等）占配合饲料的 30%~50%。

⑤ 饲料的适口性。适口性直接影响家兔的采食量，所以要选择

适口性好、无异味的原料。

（3）注意成本控制　饲料成本占养殖成本的 70% 以上，控制饲料成本是提高家兔养殖效益的关键。饲料成本控制从以下几个方面着手。

① 尽量利用当地原料资源。充分利用本地饲料原料资源，降低运输费用，降低饲料成本。

② 注意多种原料的搭配。各种原料营养特点不同，进行合理搭配，不仅可以降低成本，而且营养互补，可以使配制的饲料营养平衡，利用率高。

22. 配合饲料配方设计的方法有哪些?

饲料配方设计方法很多，是随着人们对饲料、营养知识的深入了解，对新技术的掌握而逐渐发展的。最初采用的有简单、易理解的对角线法、试差法，后来发展为联立方程法、比加法等。近年来随着计算机技术的发展，人们开发了功能越来越完全、使用越来越简单、速度越来越快的计算机专用配方软件，使得配方越来越合理。所以，目前的饲料配方设计可以通过计算机计算来实现，也可以通过手工计算实现。

（1）计算机法　饲料配方设计计算机法是通过在计算机上运行饲料配方软件来实现配方设计。其原理是根据线性规划，在规定多种条件的基础上，筛选出最低成本的饲料配方，可以同时考虑几十种营养指标。特点是：运算速度快，精确度高。目前市场上有许多畜禽饲料配方软件供选择，用于饲料生产。各软件都有自己的特点和使用方法，在此不再一一叙述。

（2）手工计算法　饲料配方的手工计算法有对角线法、试差法、联立方程式法，其中试差法目前采用最为普遍。

① 试差法。试差法又称凑数法，是目前大、中型养兔场普遍采用的方法之一。其具体方法是：首先根据经验拟定一个大致的饲料配方，初步确定各种原料的大致比例；然后用各自的比例乘以该原料的各种营养成分的含量；再将各种原料的同种营养成分之积相加，即得到该配方每种营养成分的总量。将所得结果与饲养标准进行对照，若有任一营养成分超出或不足，可通过减少或增加相应的原料比例进行

调整和重新计算，直到所有营养成分基本满足要求为止（图2-1）。

查标准 → 查原料 → 拟制配方 → 找不足 → 定配方
列需要 　 成分表 　 计算比较 　 调配方 　 列成分

图2-1　试差法计算饲料配方操作流程

试差法考虑的营养指标有限，计算量大，盲目性大，不易筛选出最佳配方，不能完全兼顾成本。但由于简单易学，因此应用广泛。

② 计算实例。用玉米、麸皮、豆粕、鱼粉、玉米秸秆、豆秸、贝壳粉、磷酸氢钙、食盐、微量元素和维生素复合预混料，设计12周龄后肉用生长兔的配合饲料配方。

第一步：查标准列出营养需要量。

根据我国各类家兔建议营养供给量，12周龄以后生长兔营养建议供给量见表2-5。

表2-5　生长兔12周龄后营养供给建议量

消化能（兆焦/千克）	粗蛋白质（%）	粗纤维（%）	钙（%）	磷（%）	赖氨酸（%）	蛋+胱氨酸（%）
10.45~11.29	16.0	10~14	0.50~0.70	0.30~0.50	0.70~0.90	0.60~0.70

第二步：查营养成分表。

查中国饲料营养成分表中所用原料的营养成分，见表2-6。

表2-6　原料营养价值

原料	消化能（兆焦/千克）	粗蛋白质（%）	粗纤维（%）	钙（%）	磷（%）
玉米秸秆	8.16	6.5	18.9	0.39	0.23
豆秸	8.28	4.6	40.1	0.74	0.12
玉米	15.44	8.6	2.0	0.07	0.24
麸皮	11.92	15.6	9.2	0.14	0.96
豆粕	14.37	43.5	4.5	0.28	0.57
鱼粉	15.79	58.5	—	3.91	2.90

贝壳粉	—	—	—	33.1	—
—	—	—	—	22.5	17.0

第三步：拟制配方并计算对比。

一般食盐、矿物质饲料、复合预混料大致比例为4%左右，其余大宗原料为96%，如表2-7所示的初始配方。

表2-7 拟制的初始配方及与标准的比较

原料	配方比例	消化能 （兆焦/千克）	粗蛋白质 （%）	粗纤维 （%）
玉米秸秆	25	2.04	1.62	4.73
豆秸	15	1.24	0.69	6.02
玉米	15	2.32	1.29	0.30
麸皮	30	3.58	4.68	2.76
豆粕	10	1.44	4.36	0.45
鱼粉	1	0.16	0.59	—
合计	96	10.78	13.23	14.26
标准要求		10.45~11.29	16.00	10~14
比较结果			—2.77	

由表2-7可以看出，拟制的初始配方的营养成分中粗纤维和代谢能已基本满足，但粗蛋白质不足，比标准要求低2.35%。钙、磷最后再考虑。

第四步：调整配方。

用一定量的豆粕代替麸皮，所代替的比例为2.78÷（0.435−0.156）≈10（%），调整后的配方见表2-8。

表2-8 调整后的饲料配方

原料	配方比例	消化能 （兆焦/千克）	粗蛋白质 （%）	粗纤维 （%）	钙 （%）	磷 （%）
玉米秸秆	25	2.04	1.62	4.73	0.10	0.06
豆秸	15	1.24	0.69	6.02	0.11	0.02

（续表）

原料	配方比例	消化能 （兆焦/千克）	粗蛋白质 （%）	粗纤维 （%）	钙 （%）	磷 （%）
玉米	15	2.32	1.29	0.30	0.01	0.04
麸皮	20	2.38	3.12	1.84	0.03	0.19
豆粕	20	2.87	8.70	0.90	0.06	0.11
鱼粉	1	0.16	0.59	—	0.04	0.03
合计	96	11.01	16.01	13.79	0.35	0.45
标准要求		10.45~11.29	16.00	10~14	0.70~0.90	0.60~0.70
比较结果					-0.35	-0.15

第五步：配方再调整。

与标准要求比较，消化能、粗蛋白质和粗纤维都已基本满足，钙相差 0.36%，磷相差 0.15%，首先用磷酸氢钙调整磷 $0.15 \div 0.17 \approx 0.9$（%）后配方中钙含量增加了 $0.9\% \times 22.5\% \approx 0.2\%$，这样钙含量就相差了 0.35%–0.2%=0.16%，应该用贝壳粉来补充，添加 0.5% 的石粉；食盐添加 0.5%。此外，还需要考虑必需氨基酸，经计算配方赖氨酸和含硫氨基酸含量分别达到了 0.70% 和 0.51%，赖氨酸和蛋氨酸分别添加 0.2% 便可满足需要。

第六步：列出饲料配方和营养成分含量。

经过 1 次或数次调整后的饲料配方作为最后应用配方确定下来，加工饲料时使用（表 2-9）。

表 2-9　确认后的家兔饲料配方

原料	配方比例（%）	营养成分	含量
玉米秸秆	25.0	消化能（兆焦/千克）	11.01
豆秸	15.0	粗蛋白质（%）	16.01
玉米	15.0	粗纤维（%）	13.79
麸皮	20.0	钙（%）	0.72
豆粕	20.0	磷（%）	0.60

（续表）

原料	配方比例（%）	营养成分	含量
鱼粉	1.0	赖氨酸（%）	0.86
磷酸氢钙	0.9	蛋＋胱氨酸（%）	0.71
贝壳粉	0.5		
赖氨酸	0.2		
蛋氨酸	0.2		
食盐	0.5		
复合预混料	1.7		
合计	100.0		

至此，配方设计完成。根据上述配方设计计算实例总结如下几点经验：

第一、初拟配方时，先确定食盐、矿物质、预混料等原料大致比例。

第二、调整配方时首先以消化能、粗蛋白和粗纤维等常规成分为目标，再考虑矿物质元素。

第三、矿物质不足调整时，先用含磷高的矿物质原料（磷酸氢钙、骨粉等）满足磷的需要，再计算配方的钙含量，不足部分用含磷低的矿物质原料（石粉、贝壳粉等）补足。

第四、氨基酸不足部分用人工合成氨基酸补充，但必须考虑产品含量和效价。

第五、设计配方时不必过于拘泥于饲养标准，饲养标准只是一个参考值，而且原料成分也不一定是实测值。用手工计算出与饲养标准完全吻合的配方是不现实的，利用计算机软件方能更加精确。

第六、配方的营养浓度应略高于饲养标准，实际计算时一般要确定一个最高的超出范围（如1%或2%）。

第七、添加抗球虫药必须注意轮换，以免产生抗药性；尽量避免使用马杜拉霉素等易中毒的药物；严禁使用国家明令禁止使用的添加剂。

第三章 兔场建设与饲养管理

1. 怎样选择兔场场址?

标准化规模兔场的场址选择一定要科学,选择场址时必须对所选地的地理、地形、地势、地质、水源、电力、交通以及周边环境等因素进行全面考虑。标准化兔场场址的基本要求如下。

(1)地理 兔场场址应选择在相对隔离、环境安静、交通便利的地方;不能靠近公路、铁路、港口、采石场等,避免噪音干扰;远离化工厂、屠宰场、制革厂、造纸厂、其他养殖场、牲口市场等可能的污染源;远离人烟密集的繁华地带,选择相对偏僻的地方。

(2)地势 养兔场应选建在地势高、有适当坡度、背风向阳、地下水位深、排水良好的地方。低洼潮湿、排水不良的场地不利于家兔的体热调节,而有利于病原微生物的生长繁殖,特别是适合寄生虫(螨虫、球虫等)的生存。为了便于排水,兔场地面要平坦或略有坡度(以 1%~3% 为宜)。

(3)地形 建养兔场要选择开阔、平整、紧凑的场所,不宜过于狭长或边角过多,这样不仅可以缩短道路和水电管线的距离、节约资金,而且利于兔场布局、便于管理,并使场地得到充分利用。根据具体情况,可以利用天然地形、地物(林带、山岭、河川等)作为天然屏障和场界。

(4)地质 作为建设养兔场的地方,其土质以沙壤土最为理想,这种土质兼有沙土和黏土两种土质的优点,通气透水性好,雨后不泥泞,能保持适当的干燥,导热性差,土壤温度相对稳定,不仅利于兔子的健康,也利于圈舍的建造,并能延长圈舍的使用年限。

52

（5）水源　建造养兔场的地方，首先要具有充足的水源，这样不仅能满足养兔场人和兔子的直接饮用，更重要的是满足冲洗圈舍、清洗笼（用）具、洗刷衣物、消毒等的大量用水。其次要有良好的水质，因为水质的好与坏直接影响着兔子和人员的身体健康，要求不能含有过度的杂质、细菌和寄生虫，不含腐败物质，不含有毒有害物质，矿物质元素不能过多或缺乏。最后，要便于保护和取用。最理想的水源是地下水。

（6）交通　养兔场投入生产后，进出的物流量都比较大，大量的草料等物质要运进去，兔产品和兔粪要运出来，所以建造养兔场的地方要交通便利，否则将会给养兔场的正常生产和工作带来诸多不便，甚至增加开支。同时要注意与道路的防疫安全距离。

（7）周围环境　养兔场的周围环境主要包括居民区、交通、电力、其他养殖场、有污染源的工业企业、畜禽屠宰企业等。

①居民环境。家兔养殖生产过程中形成的有害气体、排泄物及养殖生产污物，会对周围大气和地下水产生污染，因此养兔场不宜建在人烟密集的繁华地带，要选择相对偏僻的地方，而且最好能有天然屏障（林带、山坡、河塘等）作为天然隔离带。养兔场一般要距居民区 500 米以上，并处于居民区的下风向。地势最好低于居民区，但要避开居民区生活污水排放口。

②污染源。家兔养殖场选址，要注意本身不受污染，远离可能的污染源（化工厂、屠宰场、制革厂、造纸厂、其他养殖场、牲口市场等），并处于这些可能污染源的平行风向或上风向。

③噪声源。家兔胆小易被惊吓，养兔场应远离释放噪声（铁路、采石场、靶场等）的场所，尤其是可能发生爆破声的场所。

④电力供应。规模化养兔场对电力的依赖性很大，应靠近输电线路，同时要自备发电设备或自备电源。

⑤防疫距离。为了防疫，养兔场应距村庄 1 000 米以上，距离主要交通干线公路 1 000 米以上，如有天然隔离屏障（林带、山坡、河塘等）或设具有一定高度的隔离墙时，距离可以适当缩短一些，但最少不得少于 500 米。

（8）占地面积　养兔场的占地面积应根据所养兔类型（种兔场或

商品兔场)、规模、饲养管理方式和集约化程度等因素而定。一般估算是按 1 只母兔及其仔兔占用建筑面积 0.8 米^{2}来计算,养兔场的建筑系数按 15% 计算。例如,500 只基础母兔规模的养兔场,建筑物面积约需 400 米^2,兔场占地面积约需 2 700 米^2。

总之,养兔场址的选择,必须遵循社会卫生准则,使兔场不致成为周围环境的污染源,同时必须注意不受周围环境的污染。

2. 标准化兔场布局的基本原则和要点有哪些?

(1)场区布局的基本原则 标准化规模肉兔养殖场场区布局的基本原则是:从人和兔的健康角度出发,创造适宜的生产环境和卫生防疫条件,建立最佳的生产联系通道和合理的管理流程,合理安排不同区域布局、位置和区域内建筑物;根据家肉兔养殖生产工艺、生产管理以及卫生防疫要求,在地势和风向上进行合理的安排和布局。

(2)场区的布局要点

① 总体布局合理。标准化规模兔场不同功能区及其每个区域内设施的布局,要本着利于生产和防疫、方便工作和管理的原则,进行科学布局和合理安排。具体布局可参考图 3-1、图 3-2 和图 3-3。

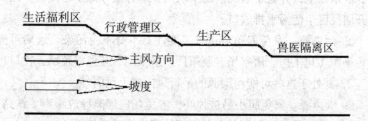

图 3-1 兔场地势、方向及各功能区布局位置示意

② 建筑物走向布置。一般建筑物应按南北向布置,长轴与地形等高线平行,这样有利于减少土方工程和确定合理的基础埋置深度;尽量将开窗较多的纵墙与夏季主导风向垂直,以加强兔舍的自然通风,起到降低舍内温度、湿度和有害气体浓度的作用。如果上述要求不能同时满足,可使建筑物朝南偏 15° 或侧东南偏 15°。

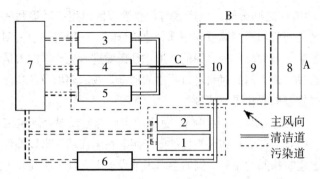

A. 生活福利区 B. 辅助生产区 C. 繁殖育肥区 D. 兽医隔离区
1、2. 核心种群车间 3、4、5. 繁殖育肥车间 6. 兽医隔离区 7. 粪便处理场 8. 生活福利区 9、10. 办公管理区

图 3-2 种兔场平面布局实例一

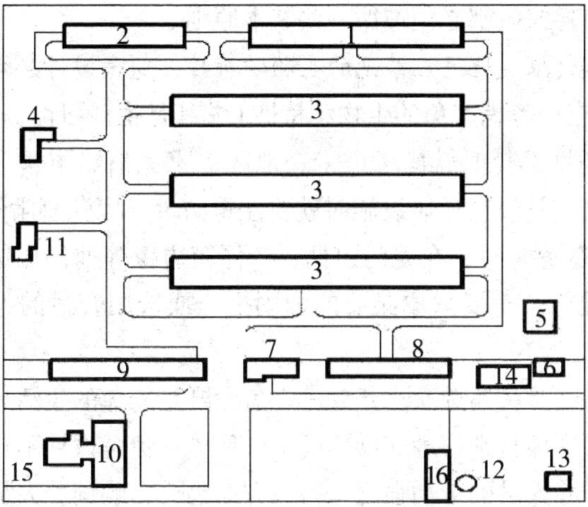

1. 原种兔舍 2. 后备兔舍 3. 种兔舍 4. 育种技术室 5. 隔离室 6. 兽医室
7. 淋浴消毒更衣室 8. 饲料库 9. 办公楼、宿舍楼 10. 食堂 11. 变电室
12. 水塔 13. 泵房 14. 锅炉房 15. 门卫室 16. 车房

图 3-3 种兔场平面布局图实例二

③ 功能区之间分隔。生产区与行政管理区、生活区福利区和生产辅助区之间应加设围墙或利用部分建筑分隔。一般建议中大型养兔场要设置第二道大门作为之间的通道，凡需要进入生产区的人员和车辆均在通过二道大门的时候进行严格的消毒。场区四周及各功能区之间要设置较好的绿化隔离地带。

④ 建筑物高度与兔舍间距。兔舍的布局与建设要合理确定建筑物高度。一般以在冬至那天当地的阳光照射在阳面墙 3 米以外处为基准，确定建筑物间的距离，同时要考虑铺设地上、地下管线、道路和绿化所占地宽度及防疫要求。这样算来，前后两栋兔舍间距应该是兔舍檐高的 3~5 倍。

3. 兔舍设计的原则是什么?

养兔规模、饲养目的、生产方式、地域差别、资金投入等，由此而形成的结果 (即兔舍设计与建筑形式) 多种多样，但不管怎样，在兔舍设计与建筑时都必须遵循一些基本原则。

（1）最大限度地适应家兔的生物学特性　兔舍设计必须首先"以兔为本"，充分考虑家兔的生物学特性 (尤其是生活习性)。家兔喜欢干燥，在场址选择时就应考虑干燥地区；家兔怕热耐寒，在确定兔舍朝向、结构及设计通风设施时就要注重防暑；家兔喜啃硬物 (啮齿行为)，建造兔舍时，在笼门边框、产仔箱边缘等处，凡是能被家兔啃咬到的地方，都要采取必要的加固措施或选用合适的、耐啃咬的材料。

（2）有利于提高劳动生产效率　兔舍既是家兔的生活环境，又是饲养人员对家兔日常管理和操作的工作环境。兔舍设计不合理，一方面会加大饲养人员的劳动强度，另一方面也会影响饲养人员的工作情绪，最终会影响劳动生产效率。因此，兔舍设计与建筑要便于饲养人员的日常管理和操作。这一点非常重要。举例来说，假如将多层式兔笼设计得过高或层数过多，对饲养人员来说，顶层操作肯定比较困难，既费时间，又给日常观察兔群状况带来不方便，势必影响工作效率和质量。

（3）满足家兔生产流程的需要　家兔的生产流程是由家兔的生产

特点所决定的，它由许多环节组成，受多种因素影响。生产类型、饲养目的不同，生产流程也有所不同。兔舍设计应满足相应的生产流程的需要，而不能违背生产流程进行盲目设计，要避免生产流程中各环节在设计上的脱节或不协调、不配套。如种兔场，以生产种兔为目的，就需要按种兔生产流程设计建造相应的种兔舍、测定兔舍、后备兔舍等；商品兔场，则需要设计建造种兔舍、育肥兔舍(或产毛兔舍，或商品皮兔舍)等。各种类型兔舍、兔笼的结构要合理，数量要配套。

（4）综合考虑多种因素，力求经济实用，科学合理　兔舍设计除了"以兔为本"，兼顾工作环境外，还必须考虑饲养规模、饲养目的、家兔品种、饲养水平、生产方式、卫生防疫、地理条件及经济承受能力等多种因素，因地制宜，全面权衡，不要忽视有关因素，一味追求兔舍建筑的现代化，要讲究实效，注重整体的合理、协调，努力提高兔舍建筑的投入产出比。同时，兔舍设计还应结合生产经营者的发展规划和设想，为以后的长期发展留有余地。

4. 兔舍的类型有哪些？各有什么特点？

兔舍的类型很多，并各具特色，不同地区应因地制宜，建造适合当地环境条件和自身条件的兔舍。标准化规模养殖肉兔舍主要有封闭式兔舍和无窗式兔舍2种类型。不同类型兔舍具有不同的特点，可根据自身条件来修建不同类型的兔舍，也可根据兔群类型不同来选择性修建不同类型的兔舍。我国标准化规模肉兔养殖场一般采用修建规格较高的封闭式兔舍，而养兔发达国家多采用无窗笼养式兔舍。不同类型的兔舍的特点如下。

（1）封闭式兔舍　封闭式兔舍是我国北方规模化养兔场目前多采用的兔舍形式。密闭式兔舍的上部有屋顶，四周有墙壁，前后有窗户和通风口。圈舍通风换气依赖门窗和通风口，生产活动完全在舍内进行。优点：具有良好的保温和防暑作用，能人为进行环境控制，便于管理操作，可有效防止兽害；缺点：比较封闭，兔舍空气质量较差，冬季必须处理好通风和保温的矛盾。封闭式兔舍根据舍内设施和设备的排列方式不同，可分为单列式、双列式和多列式等。

① 单列封闭式兔舍。兔笼单列布局在兔舍的背面，笼门朝南，兔笼与南墙之间为工作走道，兔笼与北墙之间为清粪道，南北墙距地面 20 厘米处留有通风口。这种兔舍的优点是冬暖夏凉，通风良好，光线充足；缺点是兔舍利用率低。

② 双列封闭式兔舍。两列兔笼背靠背排列在兔舍中间，两列兔笼之间为清粪沟，兔笼与南北墙之间各有一条工作走道；或者是兔舍中间为工作走道，走道两边各排列一列兔笼，两列兔笼分别与南北墙之间为两个清粪沟。南北墙有采光通风窗，接近地面处留有通风孔。这种兔舍的室内温度便于控制，通风和采光良好，但靠北面的一列兔笼的采光和保暖条件较差。由于空间利用率高，饲养密度大，在冬季为保温封闭门窗后，有害气体浓度也较大。

③ 多列封闭式兔舍。除上述的单列、双列式外，并有多列封闭式兔舍。多列封闭式兔舍的采光和通风设施与单列式或双列式相同。优点是饲养密度大，兔舍利用率高；缺点是越靠北面的列笼采光和保温越受影响，自然通风条件比较差。

（2）无窗式兔舍　即环境控制型兔舍。这种兔舍全密闭，无窗户，室内温度、湿度、通风换气及光照等全部靠人工控制。优点：可以不受任何外界自然环境的影响，能为兔子创造适宜的生活、生存和生产环境，生产效率高；缺点：一次性投资大，对水电的依赖性极强。养兔发达国家一般采用这种形式的兔舍。

5. 怎样设计兔笼的规格、结构和高度？

兔笼是家兔的主要饲养设备，一般要求造价低廉，经久耐用，便于管理操作，并符合家兔的生理要求，设计内容包括兔笼规格、结构和总体高度等。

（1）兔笼的类型　根据构件材料可分为如下几类。

① 水泥预制件兔笼。整个兔笼包括承粪板、侧墙及后墙均用水泥预制件或砖块砌成，笼门及笼底板由其他材料制成。这类兔笼的优点是构件材料来源较广，施工方便，防腐性能好，消毒防疫方便。缺点是防潮、隔热、通风效果差。

水泥预制件兔笼

② 金属兔笼。一般由镀锌钢丝焊接而成。优点是结构合理，安装、使用方便，特别是适宜于集约化、机械化生产，方便管理及消毒防疫。缺点是造价较高，只适用于封闭式或比较温暖的地方，开放式使用时间较长容易腐锈，必须设有防雨防风设施。

金属兔笼

根据构件方式可分为如下几类。

① 活动式兔笼。活动式兔笼多为单层设置，少数为双层或3层。现介绍几种，供养殖场户参考。

单层活动式兔笼，可用木、竹做成架，四周用小竹条或竹片钉制而成，竹片与竹片间的距离为1厘米。这种兔笼较为轻便，可随兔搬动，简单易造，适于室内笼养，但易被家兔啃食，不耐用。

双联单层式兔笼，在木架或竹架上钉竹条，开门于上方，二笼间设置"V"字形草架，笼的大小和一般兔笼相同，无承粪板，粪尿直接漏在地上。这种兔笼造价低，管理方便。

② 固定式兔笼。固定式兔笼一般为双层或3层多联式。在舍内空间较小的情况下，以双层为宜，可降低饲养密度，有利于保持良好的环境，便于管理。固定式兔笼一般用砖石建造，多用火砖、水泥、瓷砖砌成。笼底板以竹片制作而成，能随时放进、抽出。这类兔笼在养兔生产中应用广泛，主要优点是建造简单，造价低，取材方便，坚固耐用，保温隔热性好，利于清洁消毒，适用于各类家兔和多种场地。其缺点是通风采光性较差。

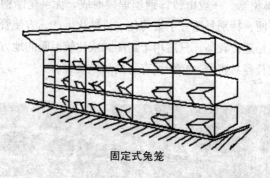

固定式兔笼

③ 阶梯式兔笼。这种兔笼在兔舍中排成阶梯形。先用金属、水泥、砖、木料等材料做成阶梯形的托架，兔笼就放在每层托架上。笼的前壁开门，饲料盒、饮水器等均安在前壁上，在品字形笼架下挖排粪沟，每层笼内的兔粪、尿直接漏到排粪沟内。兔笼一般用金属和竹（笼底）等材料做成活动式，这种兔笼的主要优点是通风采光好，易于观察，耐啃咬，有利于保持笼内清洁、干燥，还可充分利用地面面积，管理方便，节省人力；其缺点是造价高，金属笼易生锈，容易发生脚皮炎等。

（2）兔笼规格　兔笼规格应根据家兔的品种、性别、年龄及环境要求而定，以家兔能在笼内自由活动为原则。种兔笼比商品兔笼大，室外兔笼比室内兔笼大。可根据家兔体长而设计兔笼，笼宽为体长的1.5倍，笼深为体长的1.3倍，笼高为体长的1倍。兔笼规格可参照表3-1、表3-2。

表 3-1 德国兔笼尺寸

类 别	体重（千克）	笼底面积（米²）	宽 × 深 × 高（厘米）
小型种兔	<4.0	0.20	40 × 50 × 30
中型种兔	<5.5	0.30	50 × 60 × 35
大型种兔	>5.5	0.40	55 × 75 × 40
育肥兔	<2.7	0.12	30 × 30 × 30

表 3-2 我国种兔笼尺寸

类 别	宽（厘米）	深（厘米）	高（厘米）
小型种兔	45~55	50	30~35
中型种兔	55~65	50~60	35~40
大型种兔	65~75	60~70	40

目前，在生产中还出现了一种母仔共用的兔笼，由一大一小两笼相连，中间留有一小门。平时小门关闭，便于母兔休息，哺乳时小门打开，母兔跳入仔兔一侧。

母仔共用兔笼

（3）兔笼构件

① 笼壁。可用水泥预制件、砖块、竹片、钢丝做成。采用砖砌或水泥预制件，必须预留承粪板和笼底板间隙，间隙宽 3~5 厘米为宜；采用竹片、木栅条或金属板条，栅条宽度要求 15~30 毫米、间

距 10~15 毫米。笼壁应当光滑，谨防造成兔的外伤。竹片制作的应当光滑面向内，砖砌需用水泥粉刷平整。

② 笼底板。是兔笼最重要的部分，若制作不好，如间距过大，表面有毛刺，容易造成家兔脚皮炎发生。笼底板一般采用竹片或镀锌钢丝制成。用竹片材质做笼底板时，要选择光滑无刺的，一般规格为宽 2.2~2.5 厘米，厚 0.7~0.8 厘米，竹片间距 1~1.2 厘米，竹片钉制方向应与笼门垂直，以防兔形成"八字腿"。用镀锌钢丝制成的兔笼，其焊接网眼规格为 50×13 毫米或 75×13 毫米，钢丝直径为 1.8~2.4 毫米。笼底板应该便于行走，方便拆洗，定期消毒。

③ 承粪板。适宜用水泥预制件或瓷砖，厚度为 1~2 厘米。在多层兔笼中，上一层承粪板为下层兔笼的笼顶。为避免上层兔的粪尿、污水溅污下层兔笼，上层笼底板应向笼门方向多伸出 3~5 厘米，向后墙多伸出 5~10 厘米，在设计和安装时还应当考虑前高后低呈 15° 左右的坡度，以便粪尿自动落入粪沟中，便于清扫。

④ 笼门。一般安装在多层兔笼的前面或单层兔笼的上面，可用竹片、打眼铁皮、镀锌钢丝制成。要求开关方便，内测光滑无刺，能防御兽害，防止家兔跳出兔笼。食槽、草架一般安装在笼门外，尽量不开笼门喂食，便于观察和喂料。

6. 怎样准备家兔产仔箱？

产仔箱是兔产仔、哺乳的场所。通常在母兔产仔前放入兔笼内或悬挂在笼门外。产仔箱可用木板、纤维板、硬质塑料及金属片制成。目前常用的还是木质产仔箱，其四周内外要平滑，避免母兔出入和仔兔活动时被擦伤，边缘部分应用铁皮片包上，以防啃咬。铁片产箱，应用绝缘体纤维板或木板做内板。因铁皮不保暖，容易使仔兔受凉。生产中使用的产仔箱多为活动式产箱。一种是敞开的平口产箱，长为 45~50 厘米，宽为 25~30 厘米，高为 15~18 厘米；另一种是月牙形缺口产箱，可以竖起和横倒使用，母兔产仔时送入笼内，将其横卧，便于母兔产仔，产仔后，将产仔箱竖起，使仔兔不易爬出箱外。总之，产仔箱内应放柔软、清洁、干燥的垫草，南方可以采用稻草，北方则可采用木材刨花碎片，便于保暖和吸尿。

7. 家兔常用的饲喂设备有哪些?

（1）食槽 又称饲槽或料槽。按材质分类有竹制、陶制、水泥制、铁皮制和塑料制等形式。一般分为简易食槽和自动食槽。简易食槽制作成本低，适合盛放各种类型饲料，但饲喂时工作量大，饲料易被污染，也容易被兔扒料而浪费饲料。自动食槽容量较大，安置在笼门外，添加饲料省时省力，饲料不易被污染，浪费少，但此食槽制作复杂，成本高。国外规模较大及机械化程度较高的兔场多采用自动食槽，一般用镀锌铁皮或硬质聚乙烯塑料制成。无论何种食槽，均要结实、牢固，不易破碎或翻倒，同时应便于清洗和消毒。

（2）草架 主要用于投喂青绿饲料和干草的饲喂设备，为防止饲草被家兔践踏污染，节约草料而设计。在群饲情况下，可用细竹或铁丝制成"V"字形的草架，置于单层笼内或运动场上，其长一般为80~100厘米，高为40~50厘米，上口宽为30~40厘米。笼养兔的草架，一般是固定在笼门上，多为活动的"V"字形。草架内侧金属丝间隙为3厘米，外侧为2厘米。

（3）饮水器 家兔饮水器有很多种类，是兔笼必备的附属设备，以保证兔随时都可以饮用到充足的清洁水。原则上是渗漏少，蒸发面积小，以控制兔舍内湿度，同时减少水耗。常见的饮水器有陶碗和瓦钵等开放式饮水器、塑料或玻璃瓶式饮水器以及自动饮水器等。陶碗和瓦钵的优点是清洗消毒方便，经济实用，缺点是每次换水需要开启笼门，且水钵容易打翻，也容易被粪尿污染。目前家兔饲养多采用乳头式自动饮水器，饮水器水咀一般装在笼门或背网上，每1~2列兔笼共用1个水箱（水箱内有隔离网），通过塑料管或橡皮管连至每层兔笼，再由乳胶管通向每个笼位。此种饮水器的优点是既能防止污染，又可节约用水，对水质要求高，但应随时观察水咀是否有漏水或堵塞现象。

8. 兔场常用的消毒设备有哪些?

消毒的目的是消灭环境中的病原体，切断传播途径，阻止疫病继续蔓延。选择优质的消毒药品及其配套的消毒设备对做好消毒工作十分重要。兔场必须制定消毒规章制度，严格执行。消毒设施包括人员、车辆的清洗消毒和舍内环境的清洗消毒设施。

（1）人员的清洗消毒设施　本场人员和外来人员进行清洗消毒。一般在兔场入口处设有人员脚踏消毒池，外来人员和本场人员在进入场区前都应经过消毒池对鞋进行消毒。在生产区入口处设消毒室，消毒室内设有更衣间、消毒池、淋浴间和紫外线消毒灯等。本场工作人员及外来人员在进入生产区时，都应经过淋浴、更换专门的工作服和鞋、通过消毒池、接受紫外线灯照射等过程，方可进入生产区。

（2）车辆的清洗消毒设施　兔场的入口处应设置车辆消毒设施，主要包括车轮清洗消毒池和车身冲洗喷淋机等。

（3）场内清洗消毒设施　兔场常用的场内清洗消毒设施有高压清洗机和火焰消毒器。高压清洗机主要用于兔场内用具、地面、兔笼等的清洗，进水管与盛消毒液容器相连，也可进行兔舍内消毒。火焰消毒器是利用煤油燃烧产生的高温火焰对兔场设备及建筑物表面进行烧扫，以达到彻底消毒的目的。火焰消毒器不可用于易燃物品的消毒，使用过程中一定要做好防火工作。对草、木、竹结构兔舍更应慎重使用。

9. 兔场常用的照明设备有哪些？

兔场中的人工照明主要以白炽灯和荧光灯作为光源。人工照明不仅用于封闭式兔舍，也作为开放式和半开放式兔舍自然光照补充。根据兔舍光照标准（表3-3）和1米^{2}地面设1瓦光源提供的照明，计算兔舍所需光源总瓦数，再根据各种灯具的特性确定灯具的种类。大型商品兔场采用人工授精技术，为增加光照强度，采用人工补光照明，应充分考虑每个笼位的照射强度，设定时开关和调节功能，可控制光照时间和强度。

表3-3　兔舍人工照明标准

类型	光照时间	荧光灯光照强度（勒克斯）	白炽灯光照强度（勒克斯）
种兔	16~18	75	50
幼兔舍	16~18	10	10
商品兔舍	6~7		

10. 怎样正确捉家兔？

捕捉家兔是管理上最常用的技术，如果方法不对，往往造成不良后果。家兔耳朵大而竖立，初学养兔的人，捉兔时往往捉提两耳，但家兔的耳部是软骨，不能承悬全身重量，拉提时必感疼痛而乱颠（因兔耳神经密布，血管很多，听觉敏锐），这样易造成耳根受伤，两耳垂落；捕捉家兔也不能倒拉其后腿，兔子善于向上跳跃，不习惯于头部向下，如果倒拉的话，则易发生脑充血，使头部血液循环发生障碍，以致死亡；若提家兔的腰部，也会伤及内脏，较重的家兔，如拎起任何一部分的表皮，易使肌肉与皮层脱开，对兔的生长、发育都有不良影响。

（1）正确的捉兔方法　正确的捉兔方法是，先使兔安静，不让其受惊，然后从头部顺毛抚摸，一只手将颈部皮肤连同双耳一起抓牢，轻轻提起，另一只手顺势托住其臀部，使兔的重量主要落在托其臀部的手上（四肢向外），这样既不伤害兔体，也可避免兔子抓伤人。幼龄兔的正确抓捉是直接抓住背部皮肤，或围绕胸部大把松松抓起，切不可握得太紧。

1- 家兔捕捉方法示意图　　2- 幼龄家兔抓捉方法示意图

家兔捕捉方法示意

正确的捉兔方法

（2）错误的捕捉方法

① 提两耳。獭兔的两个耳朵较长大，很容易捏住两个耳朵把兔提起来。獭兔的耳壳是由软骨组成的，不能承担全身重量。耳朵神经密布，血管很多，听觉敏锐。一抓耳朵，獭兔就要疼痛挣扎，造成耳根受伤，致使两耳垂落。

② 倒提两后腿。獭兔平时善于向上跳跃，不习惯于头向下垂直。如果头朝下倒立，易发生脑充血，使头部血液循环发生障碍，甚至死亡。当提起两后腿时，兔子拼命挣扎，上下蹿跳，容易造成孕兔流产，肠管扭转、破裂等。

③ 提提两前肢。提起两前肢，兔子也容易挣扎，另外还易被兔咬伤。

④ 抓提腰部。易损伤内脏，身体重的兔子还会造成皮层和肌肉脱离，对生长发育造成不良影响。

11. 怎样进行兔子年龄和性别的鉴定？

（1）年龄鉴别　　在不清楚兔子出生日期的情况下，一般可以根据兔趾爪的颜色、长短、形状、牙齿的生长状况和皮板的松弛程度及眼睛的神色等来辨别兔子的年龄。对于青年兔来说，其趾爪平直，短而藏于脚毛之中，颜色红多于白；毛皮光滑且富有弹性；门齿短小，洁白而整齐；眼睛明亮有神，精神状态好，反应灵活。老年兔趾爪粗长，爪尖弯曲，颜色白多于红，露出脚毛外；皮厚而松弛，肉髯肥大；门齿暗黄，排列不整齐，常有破损现象；眼神无光，行动迟缓。壮年兔的特征介于前两者之间。

母性好的种兔，为提高其利用年限，应剪指甲，免得刺伤小兔。公兔也应剪指甲，以免配种时抓伤母兔，引起母兔的外伤。修爪时可以采用专门的修爪工具，也可以剪刀替代。修剪时在离脚爪红线前0.5~1厘米处剪断白色爪部分，切不可切断红线。凡是没有剪过指甲的兔子，其指甲的白：红为1：1左右时，兔龄基本为1岁。种兔一般1岁以后开始修爪，每年修剪2~3次。

（2）性别鉴定　初生仔兔可根据其阴部孔洞形状、大小及与肛门之间的距离来鉴别公、母兔。母兔的阴部孔洞呈扁形，大小与肛门相似，距离肛门较近；公兔的阴部孔洞呈圆形，略小于肛门，距离肛门较远。

断奶仔兔可以直接检查外生殖器来鉴别公母。方法是将仔兔腹部向上，用拇指与食指轻压阴部开口两侧皮肤，其中公兔外生殖器呈"O"形并有圆筒状突起；母兔外生殖器呈"V"形或椭圆形，下边裂缝延至肛门，没有突起。

公兔　　　　　　　　母兔

初生仔兔外生殖器官外观差异示意图

成年兔可以直接根据阴囊的有无来鉴别公母，有阴囊者为公兔，无阴囊者为母兔。

12. 怎样给兔子编耳号?

为便于管理和记录，种兔必须进行编号，兔的编号一般在断奶时进行，最适宜的部位是耳内侧。耳号的编制可根据兔场的实际情况设计，不要轻易变更，其内容一般包括品种或品系代号（常用英文）、出生年月、个体号等。为区分性别，公母兔可用左右耳编号或用单双号表示。

编耳号常用的方法有耳号钳法和耳标法。

（1）**耳号钳法** 采用的工具为特制的耳号钳和与耳号钳配套的字母钉和数字钉，先消毒耳部，再将已消毒和装好字钉的耳号钳夹住耳内侧血管较少的部位，用力紧压耳号钳使刺针穿过耳壳，取下耳号钳后立即在刺号处涂上醋墨（用醋研磨成的墨汁或在墨汁中加少量食醋），数日后即显出清晰的号码。此法简单易行，成本低廉，广泛适用于家兔饲养场户。操作过程中要注意：排号时应为反方向，与雕刻图章类似，初学者可以在排号后在白纸上演示，便于及时调整号码的排列方向，务必使打出来的号码为正方向；同时，涂抹醋墨时一定要让每个号码都浸润到，否则会引起号码不清晰或者丢失。

（2）**耳标法** 即将金属耳标或塑料耳标卡压在兔耳上。所编号码事先冲压或刻印在耳标上。此法操作方便，耳标上的标记可根据需要自行设计，由厂家事先冲印或刻印到耳标上，可承载的信息量更大，记录方法更灵活，如可以在耳标上标注商标、汉字、数字、字母等。随着现代畜牧业信息化的发展，耳标上也可冲印二维码，由读号器直接与微机相连，实现个体信息化管理。耳标法广泛适用于家兔个体识别，操作简便，信息含量大，但成本较耳号钳法高。特别要注意的是，佩戴耳标的兔子只宜单笼饲养，否则佩戴的耳标极易成为相互啃咬磨牙的工具，进而造成耳朵损伤，影响个体生长发育和价值。

13. 兔子换毛有什么特点？

兔毛的生长、老化、脱落及被新毛补充的过程称为獭兔的换毛。兔毛生长到一定时期即成熟的末期，生长缓慢至最后停止生长，毛根底部逐渐变细，毛球和毛乳头逐渐分离，毛根上升而脱落。旧毛脱落前或脱落时，上皮组织细胞开始增生，新毛开始生长。不同年龄、不同饲养管理条件、不同生理状态下，其换毛的方式及换毛时间各不相同。

在幼兔期，发育正常的仔兔30天后全部乳毛长成。从30~100

日龄为生长期的第 1 次换毛期；130~190 日龄为生长期的第 2 次换毛期；6.5~7.5 月龄以后幼兔的换毛与成兔一样进行。一般称幼兔期的第 1、第 2 次换毛为年龄性换毛。

力克斯兔 (獭兔) 的年龄性换毛，第 1 次是在 2.5~3.0 月龄结束，第 2 次是在 5 月龄左右结束。因此，可在第 1 次换毛结束时屠宰。此时毛被完整，毛皮质量高，且经济效益好。如果错过时机或因营养水平过低，体重过小，就不能在上述时期屠宰，而需延长到第 2 次换毛结束时再屠宰，有人认为，此时的毛皮质量更高。

成年期的獭兔每年春秋两季各换一次毛，称为季节性换毛。春季换毛在每年的 3—4 月，秋季换毛是在每年的 9—11 月。春季换毛时，由于青绿饲料多，毛囊代谢机能旺盛，被毛生长较快，换毛期短，枪毛多，绒毛少，被毛稀疏；到了秋季，由于饲料的更换，毛囊代谢机能减弱，被毛生长缓慢，换毛期较长，绒毛多，枪毛少，被毛浓密。另外，换毛期的长短还受家兔的健康状况及营养水平的影响。兔体健壮，营养水平高，换毛期短，反之则会延长。正常的换毛期为 30~45 天。

除上述两种换毛方式以外，还有不定期换毛和病理性换毛。不定期换毛多发生在老龄兔，主要由于毛球的生理状态和营养不足而产生；病理换毛是因家兔患病、长期营养不足、皮肤代谢失调等原因引起的局部或全身性的脱毛。

换毛时，头部由鼻端开始，体躯部从脊背处以长条形开始。以后似水波纹状层层向外扩展。

獭兔的换毛是一个复杂的新陈代谢过程，其换毛的时间及持续的长短受很多因素的影响。当气候温暖、营养供给充足时，家兔的换毛持续期缩短，但被毛稀疏；当气温较低、饲料营养水平低时，换毛的持续期延长；疾病会导致换毛不规律。

掌握獭兔被毛脱换规律，对家兔的科学饲养管理，合理组织獭兔生产均具有重大意义。獭兔在换毛期间对营养物质的需要量增加，公兔的性欲降低，配种能力减弱，母兔发情不明显，受孕率下降。因此，此期应加强饲养管理，为被毛的生长提供足够的营养物质，特别是蛋白质饲料和青绿饲料的供给。为獭兔创造良好的环境条件，特别是温湿度，防止忽高忽低，避免感冒，使其在较短的时间内换齐被毛，以提高繁殖率。

了解獭兔被毛脱换的规律，可合理确定獭兔的取皮屠宰适宜期。一般被毛脱换结束时，新长出的被毛光泽、浓密、牢固、整齐、美观。因此，生产上在考虑被毛品质、板皮面积的同时，结合饲料报酬，多在 5~6 月龄毛皮成熟，第 2 次年龄性换毛后屠宰。

14. 家兔消化系统有哪些解剖特点？

家兔的消化系统主要包括消化管和消化腺两部分。消化道为饲粮通过的管道，起于口腔，经咽喉、食管、胃、小肠（十二指肠、空肠和回肠）、大肠（盲肠、结肠和直肠），止于肛门。消化腺包括唾液腺、肝脏、胰腺、胃腺和肠腺。消化腺的主要功能是分泌各类消化液，通过导管输送到消化管的相应部位。

（1）消化管道

① 口腔。口腔由唇、颊、腭、舌和齿等组成。口腔是消化道的起始部，有采食、吮吸、咀嚼、吞咽和味觉等功能。口腔的前壁为唇，两侧为颊，顶壁为硬腭和向后延伸为软腭，底部为肌肉，口腔内有舌和齿。舌位于口腔内，其下表面光滑，上表面着生有助于夹持饲料的各种小乳头，在乳头之间分布有辨别饲料品质的味蕾，舌参与咀嚼饲料，把饲料送到齿下。兔齿具有草食动物的典型齿式，成凿形，无犬齿，臼齿面大，有横峰，其上颌具有前后两对门齿，前排一对大门齿，后排一对小门齿，成为特殊的双门齿型，成年兔的牙齿数为28 个。

② 咽。咽位于口腔和鼻腔的后面，喉的前上方。咽是呼吸道中联系鼻腔和喉腔之间的要道，也是消化道从口腔到食管的必经之路。咽壁由黏膜、肌层和外膜三层构成。

③ 食管。食管连接咽和胃，起于咽，在颈部位于喉与气管的背侧，经过胸腔穿过膈进入腹腔，与胃的贲门相接。兔食管是有褶皱的管，其黏膜形成大量褶皱。食管的肌肉有 3 层：纵向的内层和外层以及环状的中间层。

④ 胃。家兔为单胃草食动物，胃呈囊袋状，横位于腹腔的前

部，分为胃底部和窦部。胃的入口为贲门，上与食管相连，出口为幽门，下与十二指肠相接。在贲门和幽门处，都有括约肌控制着食物的通过。兔胃较大，一般容积为300~1 100厘米^3，占消化道总容积的34%~36%。兔胃的贲门处有一个大的肌肉褶皱，可防止内容物的呕出，因此家兔不能嗳气，也不能呕吐，消化道疾病较多。兔胃的肌肉层薄弱，蠕动力小，饲料的下行速度较慢，在胃内停留的时间较长。同时饲料的下行速度与饲粮粗纤维含量高度正相关；也同饲料的粒度相关，大颗粒（＞0.3毫米）下行速度快，小颗粒下行速度慢。兔胃黏膜内，有胃腺，能分泌胃液。兔胃液与其他家畜相比，具有较强的消化力和较高的酸度，pH值为1~2，可作为抵抗细菌和其他微生物的壁垒。

⑤肠。兔肠主要分为大肠和小肠两部分，其中小肠又分为十二指肠、空肠和回肠，大肠分为盲肠、结肠和直肠。兔的肠道发育相当发达，中型家兔肠道的绝对长度大约为5米，是其体长的10倍左右。

十二指肠起于胃的幽门，向后行为降支，继而为短的横支，再折向前为升支，呈"U"形，全长40~60厘米，肠管直径为0.8~1厘米。

空肠上连十二指肠，后接回肠，位于腹腔左侧，形成很多弯曲，肠壁较厚，富有血管，颜色较浅，略呈淡红色，为小肠最长的一部分，全长210~250厘米。

回肠是小肠的最后一部分，上连空肠，下接盲肠，较短，长35~40厘米，盘旋较小，以回盲系膜连于盲肠。空肠和回肠无明显的分界线。肠壁薄，颜色较深，管径较细，为直管。

兔的盲肠特别发达，长而粗大呈袋状，约占消化道总容积的49%，肠壁内有一条带，形成约26圈螺旋形突起的皱襞，因而盲肠好似被分为许多单独的囊袋。其游离端直径变细，管壁变薄（称蚓突），长50~60厘米，与体长相当。其中蚓突长约10厘米，蚓突中含有丰富的淋巴组织，可产生大量的淋巴细胞，具有体内免疫功能。兔的盲肠壁薄，无纵肌带，但具有螺旋状的收缩部，它对应着盲肠内部的螺旋瓣状黏膜皱襞，此为兔的消化道特征。在兔的回肠与盲肠相接处膨大起来，形成一个厚壁的圆囊，称为圆小囊。圆小囊具有发达的肌肉组织和丰富的淋巴滤泡，是肠道的一部分，参与营养物质的吸收，发达的肌肉收缩时压榨食糜；也可以产生大量的淋巴细胞。

结肠位于盲肠下，长 100~110 厘米。以结肠系膜连于腹腔侧壁。分为升结肠、横结肠与降结肠 3 部分。结肠前部有 3 条纵肌带，两条在背面，一条在腹面。在纵肌带之间形成一系列的肠袋。

直肠长 30~40 厘米，与降结肠无明显的界限，但是二者之间有 "S" 状弯曲。直肠末端侧壁有一对细长形呈暗灰色的直肠腺，长 1.0~1.5 厘米，其分泌物带有特殊异臭味。小肠与大肠肠壁均由黏膜、黏膜下层、肌层和浆膜层构成。

肛门为消化道末端，突出于尾根之下。

（2）消化腺　家兔消化腺因所在部位不同分为壁内腺和壁外腺。壁内腺是分布在消化管各段管壁内的腺体，如胃黏膜内的胃腺，肠黏膜内的肠腺等。壁外腺是位于消化管外的大型腺体，以导管通到消化管腔，如开口于口腔的唾液腺，开口于十二指肠的肝脏和胰脏。

① 唾液腺。兔有 4 对唾液腺：腮腺、颌下腺、舌下腺和眶下腺，能分泌唾液，浸润食物，利于咀嚼，便于吞咽，清洁口腔，参与消化等。

② 肝脏。肝是体内最大的腺体，呈红褐色，约为体重的 3.7%。位于腹腔的前部，前面隆突紧接膈，称膈面，后面凹，与胃、肠等相接触，称脏面。兔肝分叶明显，共分 6 叶，分别为左外叶、左内叶、右外叶、右内叶、尾叶和方叶。其中左外叶和右内叶最大，尾叶最小。方叶不规则，位于左内叶和右内叶之间。胆囊位于肝的右内叶肝脏面，是贮存胆汁的长形囊。肝脏的功能较多，能分泌大量胆汁，参与脂肪的消化；能贮存肝糖、调节血糖；能解毒；参与防卫；在胎儿时期，肝脏还是造血器官。新生仔兔的肝脏占消化器官总重量的 42.5%，起主要屏障作用。

③ 胰脏。胰脏位于十二指肠间的系膜上，胰管开口于十二指肠升支，距胆管开口处约 30 厘米。胰由外分泌部和内分泌部两部分组成。外分泌部为消化腺，占腺体的大部分，能分泌胰液，内含有多种消化酶，参与蛋白质、脂肪和糖类的消化。内分泌部称为胰岛，能分泌胰岛素和胰高血糖素，直接进入血液，参与糖的代谢。

15. 家兔有哪些生活习性?

（1）昼伏夜出和嗜眠性　家兔由野生穴兔驯化而来。野生穴兔体格弱小，御敌能力差，在野外条件下为躲避天敌，被迫白天穴居于洞中，夜间外出活动和觅食，在长期的生存竞争中形成了昼伏夜行、白天嗜睡的习性。家兔至今仍保留了祖先的这一特性，白天除采食和饮水时间外，常常静伏于笼中休息或睡眠，夜间表现活跃，采食和饮水也多于白天。据测定，在自由采食的情况下，家兔晚上的采食量和饮水量占全天的70%左右。根据这一生活习性，合理安排饲养管理日程，晚上要供给足够的草料，并保证饮水。

嗜眠性是指家兔在一定条件下容易进入睡眠状态。在睡眠状态的家兔，除听觉外，其他刺激不易引起兴奋，如视觉消失、痛觉迟钝或消失。家兔的嗜眠性与其野外条件下的昼伏夜行有关，可利用此作为实验动物。了解家兔这一习性，应尽可能保持周围环境的安静，以免影响家兔睡眠。

（2）胆小怕惊，喜欢安静　野生穴兔御敌能力差、警惕性高，在自然条件下，为躲避敌害，凭借一对听觉敏锐的耳朵，一有风吹草动，就迅速逃逸，形成了胆小怕惊、喜欢安静的习性。家兔也是一样，胆子很小，听觉灵敏，突然的声响、生人和陌生动物如猫、狗等都会使家兔受惊，以致在笼内乱蹦乱撞，同时发出顿足声。这种顿足声会引发其他相邻兔的惊慌，导致全群受惊。突然的惊吓会引起兔子产生应激反应，严重者导致食欲减退、妊娠母兔流产、正在分娩的母兔难产甚至咬死或吃掉仔兔、泌乳母兔拒绝哺乳等。因此，在饲养过程中，饲养者动作一定要轻，尽量避免弄出突然惊吓的声响；同时不让陌生人或猫、狗等动物进入兔舍；在修建兔舍时遵循远离噪音的原则，兔舍尽量远离车站、交通要道、工厂或噪音强烈的地方，不在兔舍周围燃放鞭炮。

（3）喜欢干燥，怕热　家兔厌恶潮湿、喜欢干燥、爱清洁。实践表明，干燥清洁的环境是保持兔子健康的重要前提，而潮湿、污秽的环境是兔子发病的重要诱因之一。兔舍的适宜相对湿度为60%~65%。根据这一习性，在兔场选址时应选择地势高燥、排水性能好的地方；科学设计兔舍和兔笼，定期进行清扫和消毒兔舍、笼具，日常管理中保持兔舍通风透气、干燥清洁可减少疾病的发生，同时提高兔产品质量。

家兔的正常体温为38.5~39.5℃，昼夜间由于环境温度的变化，体温有时相差1℃左右，这与其体温调节能力差有关。家兔被毛浓密，汗腺不发达，主要通过呼吸散热来维持其正常体温。家兔的临界温度为5~30℃，成年兔最适环境温度为15~25℃，刚出生的仔兔窝内最适温度为30~32℃。所谓临界温度是指家兔体内各种机能活动所产生的热量，大致能维持正常体温，处于热平衡的适宜状态的温度。最适温度范围内，家兔感到最为舒适，生产性能表现最好。

当处于临界温度以外时，对家兔是有害的。在高温环境下，家兔的呼吸、心跳加快，采食量减少，生长缓慢，繁殖力下降。在我国南方一些地区出现夏季不孕现象，环境温度持续35℃以上，如果通风降温不良，兔易发生中暑死亡。相对而言，低温对家兔的危害要轻，在一定程度的低温环境下，家兔可以通过增加采食量和动员体内营养物质的分解来维持生命活动和正常体温。但冬季低温环境也会导致生长发育缓慢、繁殖力下降，饲料报酬降低，经济效益下降。

初生仔兔体温调节能力差，体温随环境温度的变化而变化，至10~12日龄时才能保持相对恒定，因此环境温度过高或过低均会对仔兔产生危害，一定要做好初生仔兔的防寒保暖工作。

温度是家兔的重要环境因素之一，提高家兔的生产性能必须重视这一因素，在兔舍设计时就应充分考虑，给家兔提供理想的环境条件，做到夏季防暑冬季防寒。

（4）群居性差，好斗　小兔喜欢群居，由于小兔胆小，群居条件下相互依靠，具有壮胆作用，但是随着月龄的增大，群居性越来越差，群养时同性别之间常常发生争斗、撕咬现象，特别是性成熟后的公兔之间或新组建的兔群中，争斗咬伤现象尤为严重，轻者损伤皮毛，重者严重致伤或致残，甚至咬坏睾丸，失去配种能力，在管理上应特别注意。在生产中，3月龄前的幼兔多采用群养方式，以节省笼舍，但3月龄以上的公母兔应单笼饲养，一方面防止打斗，另一方面还可防止早交乱配的现象发生。

（5）嗅觉灵敏 家兔的嗅觉灵敏，主要通过嗅觉分辨不同的气味，识别领地、性别、仔兔和饲料等。母兔在发情时阴道释放出一种特殊的气味，可被公兔特异性地接受，刺激公兔产生性欲。当把母兔放到公兔笼内时，公兔并不是通过视觉识别，而是通过嗅觉闻出来的。如果一只母兔刚从公兔笼内配种后而马上捉到另一只公兔笼里，这只公兔不仅不配种，可能还会攻击母兔，因为母兔带有另一只公兔的气味，使得它误认为是别的公兔闯入自己的"领地"而表现出捍卫"领地"的行为，因此，在采用双重配种或调换配种公兔时，一定要等前一只公兔的气味消散了才捉入另一只公兔。母兔识别自己的仔兔也是通过嗅觉来实现的，利用这种特性，在仔兔需要寄养或并窝时，可以通过干扰母兔嗅觉的方法，如涂抹尿液或乳汁、在母兔鼻端涂抹气味较大的清凉油等扰乱母兔嗅觉，或提前将被寄养仔兔与原有仔兔放在一起以掩盖原有的味道等，使母兔识别不清，从而使寄养或并窝获得成功。兔子在采食前会先用鼻子闻饲料的味道，如果饲料成分有所改变或发生霉变、腥臭等，兔子采食的欲望会降低，甚至拒绝采食。

（6）啃齿行为 家兔的第一对门齿是恒齿，出生时就有，永不脱换，且不断生长。如果处于完全生长状态，上颌门齿每年生长可达10厘米，下颌门齿每年生长达12厘米，由于其不断生长，家兔必须借助采食和啃咬硬物，不断磨损，才能保持牙齿适当的长度和上下门齿的正常吻合，便于采食。这种借助啃咬硬物磨牙的习性，称为啃齿行为。

了解了这一习性，建造兔笼时就必须充分考虑材料的坚固性和耐磨性，尽量采用家兔不爱啃咬或啃咬不动的材料，如砖、铁结构，笼子用砖，笼门用铁丝，如用木头、竹片或普通的塑料等就容易被啃坏。笼具尽量做到笼内平整，不留棱角，使兔无法啃咬。木质产仔箱最好在箱口外缘包上一层铁皮，竹制笼底板的间隔适中，不能过宽。给兔饲喂有一定硬度的颗粒饲料以及在笼内投放木块或一些短树枝等，可满足其啃咬磨牙的习性，减少对笼具的损坏。

生产中会发现个别兔子长"獠牙"，其实这是由于家兔上下门齿错位无法正常磨损而越长越长，以致上或下门齿长出口腔外引起的。

此种情况一般有两个原因：一是非遗传因素引起的，如饲料长期过软，无法给兔子提供磨牙的条件，使得发病机会增多；二是遗传因素引起的，家兔有一种遗传病，叫下颌颌突畸形，由常染色体上的一个隐性基因 (mp) 控制，其症状是颅骨顶端尖锐，角度变小，下颌颌突畸形，下颌向前推移，使得第一对门齿不能正常咬合，通常发生在仔兔初生后 3 周，发病率很低。如果种兔或后备兔出现这种现象应淘汰，如商品兔出现"獠牙"，应及时修剪，直至出栏。

16. 家兔有哪些采食习性？

（1）食草性　家兔喜欢采食饲草的习性称作食草性，也叫素食性。家兔的食草性是由其消化系统的结构特点和机能决定的。兔的上唇纵向裂开，门齿裸露，适于采食地面的矮草，亦便于啃咬树皮、树枝和树叶；兔的门齿呈凿形咬合，便于切断和磨碎食物；兔臼齿咀嚼面宽，且有横嵴，适于研磨草料。兔的盲肠极为发达，其中含有大量微生物，起着牛羊等反刍动物瘤胃的作用。与其他草食性动物一样，家兔喜欢吃植物性饲料，不喜欢吃鱼粉、肉粉、骨粉等动物性饲料。在饲草中，家兔喜欢吃豆科、十字花科、菊科等多叶性植物，不喜欢吃禾本科、直叶脉的植物等；在植株部位的选择上，喜欢吃幼嫩的部分。

家兔的食草性决定了家兔是一种天然的节粮型动物，可缓解人畜争粮矛盾，符合国家产业政策和有助于产业结构调整。

（2）食粪性　家兔采食自己部分粪便的本能行为，称为兔的食粪性，也称之为兔的"反刍"，与其他动物的食粪癖不同，家兔的这种行为不是病理的，而是正常的生理现象，对家兔本身具有重要的生理意义。正常情况下，家兔排出两种粪便，一种是量大、粒状、表面较为粗糙的硬粪，依饲料种类不同而呈现深、浅不同的褐色，大部分在白天排出；另一种是团状的软粪，多呈念珠状排列，量少，质地软，表面细腻，如涂油状，通常呈黑色，大部分在夜间排出。正常情况下家兔排出软粪时直接用嘴从肛门处采食，稍加咀嚼便吞咽。

家兔的食粪行为是有节奏和规律的，大约在最后一次采食后 4 小时开食软粪，每日吞食的软粪占总粪量的 50%~80%。家兔食粪始于 3

周龄，6 周龄前吞粪量很少，吃奶仔兔无吞粪现象。软粪的营养物质含量比硬粪高，如粗蛋白含量高 1 倍，达 37.4%，B 族维生素高出 3~6 倍。家兔能从食下的软粪中获得其所需的部分 B 族维生素和粗蛋白。

软粪和硬粪的组成成分相同，但成分含量差别很大，软粪中含有大量的蛋白质、维生素等物质，而纤维含量较低，营养价值高。因此，家兔食软粪的习性有着重要的生理意义，不仅有利于一些营养物质得到进一步的消化和吸收，提高其对粗蛋白和粗脂肪的利用率，使家兔能充分利用粗饲料，而且通过吞食软粪得到附加的大量微生物，其蛋白质在生物学上是全价的。此外，微生物合成维生素 B 和维生素 K，随着软粪进入家兔体内被家兔吸收。

（3）惯食性　家兔具有惯食性，即经常采食某种饲料后逐渐形成习惯，当突然改变饲料后，或者拒食，或者采食量少，并很快出现消化不良，粪便变形，甚至出现腹泻或肠炎。

据此，在日常饲养管理中，一定要注意兔的这一特性，一般不能轻易改变饲料，如果必须改变，应逐渐过渡。特别是当饲料原料变化比较大的时候更应如此。

（4）扒食性　在野生条件下，家兔凭借着发达的嗅觉和味觉选择自己喜爱的饲料。在人工饲养条件下，虽然没有挑选饲料的自由，但它们对所提供的饲料的反应却不同。家兔食草时，将一根一根草从草架拉出，先吃叶，后吃茎和根部，所剩部分连同拖出的草，往往落到粪板上造成浪费。家兔有扒槽的习性，常用前肢将饲料扒出草架或食槽，有的甚至将食槽掀翻。家兔喜欢吃有甜味的饲料和多叶鲜嫩青饲料，喜欢吃颗粒饲料而不喜欢吃粉料。对于不喜欢吃的饲料，轻则少吃，重则拒吃，甚至扒食，造成浪费。一旦形成习惯，将不好调教。为了防止家兔挑食，应合理搭配饲料，并进行充分的搅拌。对于有异味的饲料（如添加的药物），除了粉碎和搅拌以外，必要时可加入调味剂。

（5）饮水行为　家兔是夜行性动物，夜间饮水量约为全天的70%。饮水一般在采食精料后或者睡眠、活动之后进行，采食青饲料后一般不立即饮水。如果喂饲时不供水，采食量会随之下降。供水不足对于哺乳母兔、吃奶的仔兔和生长的家兔的泌乳和生长发育均产生不良影响，特别在环境温度较高的情况下，尤为显著。

17. 家兔的正常生理、生化和生殖指标各是多少？

在日常生产饲养管理工作中，了解家兔的正常生理、生化和生殖指标是非常有必要的，也是最基本的（表3-4）。

表3-4　家兔的正常生理、生化和生殖指标

项目	平均值	范围
体温（℃）	39	38.5~39.5
呼吸频率（次/分钟）	56	46~70
心率（次/分钟）	125	100~145
红细胞（百万/毫米³）	5.3	4.3~7.0
白细胞（百万/毫米³）	8.9	5.2~12.0
淋巴细胞（%）	42.2	15.0~75.5
血小板（千/毫米³）	323	270~6 801
日采食量（克，颗粒料）	180	160~250
日饮水量（毫升/千克体重）	120	80~240
昼夜尿量（毫升/千克体重）	65	40~100
初生重（克）	64	55~80
开眼日龄（日龄）	11	10~12
开始吃料时间（日龄）	20	18~23
性成熟（月）	4.5	3~6
公兔适配年龄（月）	8	7~8
母兔适配年龄（月）	7.5	6~8
每胎产仔数（只）	7	1~23
寿命（年）	5	最大15
繁殖利用年限（年）	2.5	最大3.5
妊娠期（天）	30	29~34
公兔射精量（毫升）	1.2	0.5~2.5
精子可授精时间（小时）	28	25~30
精子密度（亿个/毫升）	5~8	2~10

（摘自金盾出版社《家兔饲养员培训教材》，秦应和编著）

18. 哪一阶段的兔叫仔兔？仔兔生长发育有什么特点？

从初生到断奶这一阶段的小兔称为仔兔，这一时期是兔由胎生期转向独立生活的过渡时期。仔兔初生后离开母兔，其所处环境发生了极大的变化，但是仔兔身体发育尚不完全，适应能力和自我保护能力极差，生命脆弱，对人具有高度的依赖性。而此期生长发育特别快，正常情况下初生后 1 周体重增加 1 倍，30 天体重增加 10 倍左右。由此可知，仔兔的饲养管理工作必须抓好每个环节，采取有效措施，以保证仔兔的正常生长发育。

根据仔兔生长发育特点，可将仔兔阶段分为 2 个时期，也即睡眠期和开眼期，要根据不同阶段仔兔的生理特点，提供相应的饲养管理措施。

仔兔生长发育的特点如下。

（1）体温调节机能不健全 初生仔兔裸体无毛，体温调节机能不健全，一般在产后 10 天才能保持体温恒定。炎热季节巢箱内闷热，易发生整窝中暑，寒冬季节则容易被冻死。初生仔兔的最适环境温度为 30~32℃。

（2）视觉和听觉不发达 仔兔生后闭眼、耳孔闭塞，整天吃奶睡觉。出生 8 天后耳孔才能张开，11~12 天后眼睛才睁开。

（3）生长发育快 初生仔兔体重只有 40~65 克，但正常情况下出生 7 天后体重增加 1 倍，10 天增加 2 倍，30 天增加 10 倍，即使是 30 天后也能保持较快的生长速度。因此仔兔对营养物质要求比较高。

19. 怎样管理睡眠期仔兔？

刚初生的仔兔全身无毛，闭眼，12~15 日龄才会睁眼，因此，将初生至 11 天左右称为仔兔的睡眠期。此期的饲养管理要点如下。

（1）早吃奶，吃饱奶 仔兔初生后 6~10 小时应该吃到初乳。初乳水分含量低，乳汁浓稠，蛋白质含量比常乳高，同时还含有丰富的磷脂、酶、激素、铁、镁盐等，营养丰富，同时还有轻泻的作用，有利于胎粪的排出。母性好的母兔，产后会很快给仔兔喂奶。吃到初乳且吃饱奶的仔兔，腹部滚圆，肤色红润，生长发育良好，体质健壮，生活能力强。生产中常见仔兔吃不到奶，这些仔兔腹部扁平，皮肤有皱褶，在窝内到处乱爬，如饲养人员移动产仔箱，则仔兔头向上窜，并发出"吱吱"的叫声。对此，要查明原因，针对具体问题，采取相应的措施。

对于有奶不喂的母兔，要强制哺乳。将母兔固定，保持安静，将仔兔放在母兔乳头旁，嘴顶母兔乳头，强制让其自由吮乳，连续3~5天后母兔便会自动喂奶。

在同窝仔兔数量太多或母兔患有疾病（如乳房炎）的情况下，可以通过寄养的方式调整仔兔。方法是：把产仔数较多或患病母兔后代的分给产仔数较少的健康母兔喂养，但寄养与被寄养的仔兔间出生日期相差不要超过3天，由于母兔嗅觉灵敏，为防止母兔识别非自身仔兔进而拒绝哺乳或抓咬养仔，要进行嗅觉的干扰，可在喂奶前半个小时以上将被寄养仔兔放入带仔母兔的产箱内，使气味充分混合，到母兔喂奶时已分辨不出养仔的气味，从而使寄养获得成功。实际生产中，也有两窝及以上母兔产仔均较少的情况出现，为提高群体繁殖性能，可以将两窝仔兔合并为一窝，另一只母兔重新参与配种。并窝的注意事项与寄养相同。

对于体况较好、产仔数多的母兔，可以采取分批喂奶的方式，即将仔兔按照体质强弱分为两批，早晚各哺乳一次，早上喂体质弱的一批，下午喂体质强的一批。对于分批哺乳的母兔，在饲养上要注意加强营养。

在没有其他母兔可以寄养仔兔的情况下，也可以采用人工哺乳的方式，或者将体质弱小的仔兔弃掉，保证剩余健壮的仔兔吃饱吃好。

（2）及时发现和处理吊奶　仔兔哺乳时会将乳头叼得很紧，母兔哺乳完毕跳出产仔箱的时候，免不了将仔兔带出箱外但又无力叼回，称为吊奶。饲养管理人员应随时检查，发现后及时把仔兔放回巢箱内（尤其是冬季），以避免仔兔长时间在箱外而死亡。

（3）保暖防冻，防兽害　仔兔出生后3~5天周身无毛，体温调节能力差，随着外界环境温度的变化而变化，在寒冷的季节如果不注意保温，在很短的时间内，仔兔的体温便会迅速下降，若处理不及时便会危及生命。因此，做好仔兔的保暖防冻工作是仔兔饲养管理的重点。

首先要做好接产工作，给母兔提供铺有垫草的产仔箱，避免其将仔兔产在箱外，产仔集中的时节，要注意巡查，及时救治产箱冻僵的仔兔。

冬季寒冷季节，要采取各种措施进行保温，北方地区温度低，兔舍内要进行升温，或将仔兔集中到一个保暖室中，南方地区温度较高，可将产仔箱重叠，既能保温又能防兽害。产箱内要多置垫草和兔毛，保持温暖干燥。

对已经受冻的仔兔，可立即放入35℃温水中，漏出口鼻，恢复后用柔软的纱布或棉花浸干仔兔身上的水，再放入产箱；或用火炕或电褥子取暖恢复后放入产箱。

尽管仔兔的保暖很重要，但在夏季高温季节，要少放垫草和兔毛，并注意产箱通风换气，避免产箱内温度过高，以免仔兔热衰竭而亡。初生几天内的仔兔，其窝温保持在30~32℃为宜。

鼠害是兔场仔兔伤亡的主要原因之一，特别是睡眠期的仔兔，没有自我保护能力，老鼠一旦进入产箱内，就会将仔兔咬死甚至整窝吃掉，造成巨大的损失。而在兔舍内灭鼠相当困难。可用母仔分离饲养的方法，哺乳时将产仔箱放入母兔笼内，哺乳后将产仔箱移到安全的地方或将多个产仔箱重叠，减少鼠害的损失。除老鼠外，也容易出现猫、蛇、黄鼠狼等损害仔兔的情况，特别是在农村小规模养兔场，兔舍与周围环境隔离不严甚至没有隔离，很容易出现此种情况，应做好相应的预防工作。

（4）按时喂奶 对于母仔分养、规模大、种母兔多的兔场，可实行每日哺乳一次的办法。对带仔数较多的母兔，可采用早晚两次哺乳的方法。无论每天哺乳几次，都应按时喂奶，以利于母兔有规律地泌乳、休息和仔兔的消化吸收。喂奶时要注意对号哺乳，产仔箱的放置要有固定的顺序，并标记好相应的母兔号，以免弄错。同时，要检查仔兔是否吃饱，发现未吃饱的仔兔则要及时采取措施。

（5）防治黄尿病 睡眠期内的仔兔最常发的疾病为黄尿病。黄尿病是由于母兔患乳房炎或乳房周围沾了含葡萄球菌的污物，仔兔吃奶时感染，进而发生急性肠炎，尿液呈黄色，并排出腥臭而黄色的稀粪，污染肛门周围，甚至沾染全身。仔兔黄尿病的原因在于母兔，因此，预防的方法是保证母兔健康无病，保持笼舍清洁卫生。仔兔一旦发生黄尿病，首先要与母兔隔离，并同时对母兔和仔兔进行治疗。

20. 怎样管理开眼期仔兔？

仔兔 12~15 日龄开始睁眼，一直到断奶的这段时间称为仔兔的开眼期。仔兔开眼后，活动能力增强，会在产箱内爬来爬去，数日后就能跳出产箱活动。此期的饲养管理要点如下。

（1）人工辅助开眼　一般情况下，仔兔产后 12~15 天开眼，这个时候要仔细逐只检查，发现开眼不全的仔兔，可用药棉球蘸上温开水洗去封堵眼睛的黏液，也可用注射器吸入温水，人工辅助仔兔开眼，否则可能形成大小眼或瞎眼。

保持垫草中无杂物：巢箱用垫草中混有布条、棉线、绳子等杂物时，易造成仔兔被缠绕而窒息或残肢，应引起注意。

（2）搞好补饲　随着仔兔日龄的增加，仔兔生长速度加快，其体重和所需营养物质与日俱增，而母乳的日泌乳量到产后 21 日龄达到高峰，以后则逐渐下降，仔兔生后 2~3 周单靠母乳已经不能满足其营养需要。因此，在生产上要利用仔兔 15~21 日龄时能够开口采食固体饲料的特性，及时给仔兔补饲。

补饲一般从 15~18 日龄开始，采用专门的补饲料（开口料），要求饲料易消化、适口性好，清洁卫生、符合仔兔的营养需要，同时要在饲料中加入抗球虫药和防治消化道疾病的药物，以减少疾病的发生。补饲时，最好采用母仔分开的方式，以防母兔抢食仔兔饲料。在饲喂上，补饲前 1~2 天饲喂量要少，主要是诱食，2~3 天后再逐渐加料。仔兔消化能力弱，要采用少量多餐的饲喂方式，每次加料宜少些，日饲喂 3~5 次，同时要提供充足清洁的饮水。

及早补饲对仔兔饲养有着重要意义，不仅能给仔兔提供充足营养，保证仔兔的正常生长，提高断奶重，同时，补饲使仔兔能够在断奶前学会吃饲料，有利于促进仔兔消化系统的发育和锻炼胃肠道的消化功能，对帮助仔兔过好"断奶关"也具有重要意义。由于补饲料中添加有各种预防药物，能够有效地开展球虫病、肠炎等疾病的早期预防，对提高仔兔的成活率有着重要意义。

（3）科学断奶 仔兔断奶日龄，应根据品种、生产方向、季节、仔兔体质强弱等因素综合考虑，一般在 28~35 日龄断奶。商品兔生产时断奶时间一般为 28~30 日龄，进行种兔生产时断奶时间稍晚，一般在 35 日龄断奶。断奶方法分为一次性断奶和分批断奶。一次性断奶是指不管仔兔体况如何，到了断奶日龄时所有仔兔全部断奶；分批断奶是按照仔兔体质强弱分开，达到断奶体重的个体先断奶，体质弱的个体再继续喂奶，直到达到断奶体重时再行断奶。

21. 幼兔饲养管理技术要点有哪些？

幼兔是指断奶至 3 月龄的小兔。

幼兔阶段日增重最大，绝对生长速度最快，也是发病率和死亡率最高的时期。幼兔饲养管理的好坏，在一定程度上决定其生产潜力的发挥和养兔的成败。幼兔的饲养管理的重点在于保证营养、精心护理、过好"四关"，尽量减少应激反应。

（1）断奶关 断奶后 10~15 天是兔后天发育最关键的时期。在此期间，它们对胃肠道感染特别敏感，有着最高死亡率记录。高死亡率的原因很多，但大多来源于小兔与母兔分开以及断奶的应激。实践中发现，断奶重高的个体成活率高，断奶重小、健康状况不佳的个体，断奶后的适应性差，容易死亡。因此，在仔兔饲养期间提高断奶重至关重要。断奶后最好采用"离乳不离笼"的饲养方法，降低断奶应激。转群时要按公母、大小、强弱分群分笼饲养，密度适宜。切记，刚断奶的幼兔不要单个饲养，因为单个饲养很容易引起幼兔孤独、精神沉郁而发病死亡。

（2）饲料关 消化道疾病在幼兔中非常常见，是危害幼兔最主要的因素，不仅增加死亡率，同时造成生长迟缓以及随之而来的经济损失。消化道疾病的发生主要与饲料有关，因此，把好饲料关是关键。

幼兔对饲料敏感，保证饲料品质是前提。禁止饲喂霉烂变质饲料，56 日龄前最好不要饲喂含水量多的青绿饲料。饲料要求体积小，营养价值高，易消化，富含蛋白质、维生素和矿物质，同时粗纤维水平必须达到要求，否则容易发生消化道疾病并导致死亡。断奶后 1~2

周内，要继续饲喂仔兔"开口料"，以后逐渐过渡到幼兔料，否则，突然改变饲料容易导致消化系统疾病。喂料量应随着年龄增长、体重增加而逐渐增加，不可突然加料太多，并保持饲料成分的稳定性。幼兔食欲旺盛，易贪食，饲喂时要掌握少喂勤添的原则，一般每天定时饲喂 3~4 次为宜。

（3）环境关　幼兔比较娇气，对环境的变化很敏感，尤其是寒流等气候突变时，更应做好预防工作。要为其提供良好的生活环境，保持笼舍清洁卫生、环境安静，饲养密度适中，防止惊吓、防风寒、防炎热、防空气污浊，防蚊虫、防兽害等，切实把好环境关。

（4）防疫关　幼兔阶段多种传染病易发，抓好防疫至关重要。除做好日常的卫生消毒工作外，要将预防投药、疫苗注射以及加强巡查等饲养管理制度相结合，严格卫生防疫制度。除注射兔瘟疫苗外，要根据当地和兔场疫病流行特点，注射巴氏杆菌、魏氏梭菌等疫苗，提高幼兔机体的免疫力。要切实做好球虫病的预防投药工作，加强大肠杆菌病、肺炎等疾病的预防。饲养人员应随时仔细观察幼兔的采食、粪便及精神状态，及早作好疾病的防治，确保兔群安全。

22. 青年兔的饲养管理技术要点有哪些?

青年兔是指 3 月龄至初配阶段留做种用的后备兔。

青年兔的消化系统、免疫系统等基本发育完全，对饲料的耐受性较高，抗病力较强，不容易发病，因而是兔一生中最好饲养的阶段。

3~4 月龄时兔的生长发育依然较为旺盛，肌肉尚在继续生长，体内代谢旺盛，应充分利用其生长优势，满足蛋白质、矿物质和维生素等营养的供应，尤其是维生素 A、维生素 D、维生素 E，以形成健壮的体质。4 月龄以后家兔脂肪的囤积能力增强，应适当限制能量饲料的比例，降低精料的饲喂量，增加优质青饲料和干草的喂量，维持在八分膘情即可，防止体况过肥，影响繁殖性能。

青年兔要进行单笼饲养，以防止后备公、母兔间早交乱配和打架斗殴，损害繁殖机能。同时，要严格执行免疫程序，做好兔瘟、巴氏杆菌以及螨虫等疾病的防治工作。后备兔同样需要注意防寒保暖和防暑降温，保持环境干燥和清洁卫生。

为确保达到初配时间时体重也达到要求，提高青年兔群体均匀度以及育成率，最好按月龄进行个体称重，掌握青年兔的生长发育情况。要求青年兔在不同日龄阶段有相应的体重和外型，对达不到要求的个体要调整饲料的营养水平和饲喂量，以确保达到品种发育的要求，并及时淘汰发育不良的青年兔。

23.如何选留和培育种公兔？

俗话说，"母兔好，好一窝；公兔好，好一坡"。家兔生产中，种公兔的数量所占比例很小，但所起的作用却很大。饲养种公兔的目的就是要及时完成配种任务，使母兔能够及时配种、妊娠，以获得数量多、品质好的仔兔。要完成这一任务，首先要求种公兔生长发育良好、体质健壮、肥瘦适度、配种能力强，能够及时完成配种任务；其次，要使种公兔能够提供数量多、质量优的精液。种公兔精液品质的好坏直接影响到母兔是否能够正常妊娠、产仔的质量高低和数量的多少。因此，必须十分重视种公兔的饲养，提高精液品质和精子活力，增强种公兔的体质和配种能力。

（1）公兔作为种用的标准　种公兔的品种质量和养殖好坏对养兔场整个兔群的质量影响非常大，因此根据要求选择种公兔十分重要。对种公兔的要求是：品种特征明显；头宽而大；胆子大；体质结实，体格健壮而健康；两个睾丸大而匀称；精液品质好，受胎率高。

（2）种公兔的选留和培育

①种公兔选留。

父母优秀：种公兔要从优秀父母的后代中选留，也就是说，选留种公兔首先要看其父母。一般要求，其父代要体型大，生长速度快，被毛形状优秀（毛用兔和皮毛用兔）；母亲要产仔性能优良，母性好，泌乳能力强。

睾丸大而匀称：睾丸大小与家兔的生精能力呈显著的正相关，选留睾丸大而左右匀称的公兔作为种用，可以提高精液品质和精液量，从而提高受精率和产仔量。

性欲旺盛胆子大：公兔的性欲可以通过选择而提高，因此选留种用公兔时，性欲可以作为其中指标之一。

选择强度：选留种用公兔时，其选择强度一般在10%以内，也就是说，100只公兔内最多选留10只预留作种用。

② 后备种公兔的培育。

饲料营养：后备种公兔的饲料营养要求全面，营养水平适中，切忌用低营养浓度日粮饲喂后备种公兔，不然会造成"草腹兔"而影响以后的配种。

饲养方式：后备种公兔的饲养方式以自由采食为宜，但要注意调整，防止过肥。

笼位面积：公兔的笼位面积要适当大一些，这样可以增加运动量。

及时分群：后备种兔群3月龄以上时要及时分群，公母分开饲养，以防早配、滥配。

24．种公兔的饲养管理技术要点有哪些？

（1）非配种期种公兔饲养技术　非配种期的公兔需要恢复体力，所以要保持一定的膘情，不能过肥或过瘦，需要中等营养水平的日粮，并要限制饲喂，配合饲料饲喂量限制在80%，添喂青绿多汁饲料。

（2）配种期种公兔饲养技术

① 营养需求特点。保持中等能量水平（10.46兆焦/千克）。能量过高易造成公兔过肥，性欲减退，配种能力下降；能量过低，易造成公兔掉膘，精液量减少，配种效率降低，配种能力也会下降。

高水平及高品质蛋白质。蛋白质数量和品质对公兔的性欲、射精量、精液品质等都有很大的影响，因此日粮蛋白质要保持一定水平（17%），而且最好添加适当比例的动物性饲料原料，以提高饲料的蛋白质品质。

补充维生素和矿物质。维生素、矿物质对公兔精液品质影响巨大，尤其是维生素A、维生素E、钙、磷等。所以，配种期种公兔的饲料中要补充添加维生素和矿物质，尤其是维生素A更易受高温和光照影响而被破坏，更要适当多添加。

② 提早补充。精子的形成有个过程，需要较长的时间，所以营

养物质的补充要及早进行，一般在配种前 20 天开始。

（3）种公兔的管理措施

① 单笼饲养。成年种公兔应单笼饲养，笼子的面积要比母兔笼大，以利于运动。

② 加强运动。运动对维持种公兔的体质、性欲、交配能力、精液量及精液品质等都十分重要，如果条件允许，应定期让公兔在运动场地运动 1~2 小时，没有条件要尽量创造公兔的运动机会。

③ 保持兔笼安全。公兔笼底板间隙以 12 毫米为宜，而且前后宽窄要匀称，过宽或前后宽窄不匀会导致配种时公兔腿陷入缝隙导致骨折；笼内禁止有钉子头、铁丝等锐利物，以防刺伤公兔的外生殖器；时刻注意及时关好笼门。

④ 缩短毛用公兔养毛期。毛兔被毛过长，会使射精量减少，精液品质降低，畸形精子（主要是精子头部异常）比例加大，从而影响配种质量。因此，对毛用种兔要尽量缩短其养毛期。

⑤ 注重健康检查。重视公兔的日常健康检查，经常检查公兔生殖器，如发现梅毒、疥癣、外生殖器炎症等疾病，应立即停止配种，及时隔离治疗。

（4）种公兔的使用技术

① 控制种用年限。种公兔超过一定利用年限后，其配种能力、精液量、精液品质等都会明显下降，逐步失去种用价值，应及时更新和淘汰。从配种时算起，一般公兔的利用年限为 2 年，特别优秀者最多不超过 3~4 年。

② 掌握配种频率。初配公兔：隔日配种，也就是交配 1 次，休息 1 天；青年公兔：1 次 / 日，连续 2 天休息 1 天；成年公兔：可以 2 次 / 日，连续 2 天休息 1 天。长期不用的公兔开始使用时，头 1~2 次为无效配种，应采取双重交配，也就是用 2 只公兔先后交配 2 次。生产中，配种能力强（好用）的公兔过度使用而配种能力弱（不好用）公兔很少使用的现象比较普遍存在，结果会导致优秀公兔由于过度使用性功能而出现不可逆衰退，不用的公兔长期放置性功能退化，久而久之会严重影响整个兔群的正常配种和繁育工作，应引起足够的重视。

③ 控制公母比例。自然交配时，兔群中成年公兔与可繁殖母兔的比例为 1 :（8~10），种公兔中壮年比例占 60%、青年比例占 30%、老年比例占 10% 为好；采用人工授精时，公母比例为 1 :（50~100）。

25. 消除公兔"夏季不育"的措施有哪些?

所谓"夏季不育"是指炎热的夏季配种后不易受胎的现象。当气温连续超过 30℃ 以上时，公兔睾丸萎缩，曲精管萎缩变性，暂时失去产生精子的能力，此时配种便不易受胎。可通过以下方法消除或缓解"夏季不育"。

（1）创造非高温养殖环境　炎热高温季节，将公兔饲养在安装空调的兔舍或凉爽通风的地下室，对消除"夏季不育"现象有明显效果。

（2）使用抗热应激添加剂　通过使用一些抗热应激的添加剂缓解"夏季不育"的危害。如按 10 克 /100 千克的比例在饲料中添加维生素 C，可增强公母兔的抗热应激能力，提高受胎率，增加产仔数。

（3）选留抗热应激能力强的公兔作种用　在高温维持时间较长的地区养殖家兔，有必要在选留公兔时将抗"夏季不育"作为一个指标，通过精液品质检查、配种受胎率测定等选留抗热应激能力强的公兔作为种用。

26. 缩短公兔"秋季不孕"期的措施有哪些?

生产中发现，兔群在秋季配种受胎率不高，恢复需要持续 1.5~2 个月，而且恢复期与高温的强度、持续的时间有很大关系，这便是"秋季不孕"现象。这种现象的发生，目前一致的看法是高温季节对公兔睾丸的破坏所造成，缩短"秋季不孕"期对提高兔群繁殖能力十分重要，可采用如下措施。

（1）提高公兔饲料营养水平　提高公兔饲料营养水平能明显缩短"秋季不孕"期。粗蛋白质水平增加到 18%，维生素 E 达 60 毫克/千克，硒达 0.35 毫克 / 千克，维生素 A 达 12 000 国际单位 / 千克。

（2）使用抗热应激添加剂　使用兔专用抗热应激添加剂可以在一定程度上缩短"秋季不孕"期。

27. 母兔空怀期的饲养管理要点有哪些?

母兔的空怀期是指母兔从仔兔断奶到再次配种妊娠这一段时间,又称配种准备期。由于空怀期母兔既未妊娠也未哺乳,从繁殖效率的角度来看,似乎是多余的时期,但在生产实际中却是非常必要的。母兔空怀期的长短主要取决于繁殖方式:在采用频密或半频密繁殖制度时(如 42 天或 49 天周期化繁殖模式),母兔一直处于妊娠、泌乳或妊娠泌乳并存的阶段,不存在空怀期;而采用延期繁殖方式时,则有一定的空怀期。对于采用延期繁殖方式的母兔,空怀期的长短则取决于母兔的体况。正常情况下,仔兔断奶 5~10 天后母兔即可发情配种,但有时一些母兔发情时间延长,或者不能正常发情配种。造成母兔不能正常发情的原因有:由于妊娠－泌乳阶段母兔消耗了大量养分,体质比较瘦弱,内分泌系统也受到影响,性激素分泌失调,不能发情或发情周期延长;饲料营养水平过高,投喂量过大,使母兔过于肥胖,导致体内积蓄大量脂肪,卵巢周围脂肪蓄积,阻碍卵泡发育,致使母兔不发情或发情周期延长;此外,母兔患病特别是生殖器官疾病等原因也会造成母兔发情不正常。因此,空怀期母兔的饲养目的是保持不肥不瘦的体况,健康,能够正常发情配种,尽量缩短空怀期,提高母兔配种的受胎率。

(1)空怀母兔的饲养　空怀母兔由于没有其他生产负担,主要任务是尽快恢复体况,所以其营养需要比其他阶段的母兔少,但是需要注意蛋白质和能量的供给。蛋白质不仅要考虑数量,还要注意品质。如果蛋白质供应不足或品质不良,会导致卵泡发育受阻、性周期紊乱等现象发生。能量不足会导致母兔过瘦,能量过量会造成母兔过肥,都会影响母兔的繁殖性能。空怀母兔适宜的蛋白质水平为 16%~18%,适宜的能量水平为 10.75 兆焦/千克。此外,维生素和矿物质对维持母兔良好的繁殖机能也极为重要。有条件的兔场要给空怀母兔提供多量的青绿饲料,这类饲料含有丰富的维生素,对排卵数、卵子质量和受精都有良好的影响,也利于空怀母兔迅速补充泌乳期矿物质的消耗,恢复母兔繁殖功能的正常,以便及时配种。

饲养上空怀期母兔一般采用限制饲喂或混合饲喂的方法。限制饲喂时，空怀母兔每天饲喂颗粒饲料 100~150 克；混合饲喂时，每日饲喂青绿饲料 500 克以上，精料补充料 50~100 克。颗粒饲料或精料补充料每天饲喂 2 次，注意饲料品质。在此基础上，要注意针对母兔个体情况酌情增减饲料喂量，母兔过于肥胖时应适当减少喂料，过于瘦弱则应适当增加喂料量，以使其尽快恢复种用体况。

（2）空怀母兔的管理　管理上，首先要给空怀母兔提供一个适宜的环境条件，这对提高母兔的生产性能有着十分重要的意义。空怀母兔要单笼饲养，兔舍要干燥、通风、透光、清洁卫生。影响母兔繁殖最主要的环境因素是温度和光照。就温度而言，兔对环境温度的适应范围为 5~30℃，在适应范围内兔生存没有问题。而最适宜的温度为 15~25℃，在此温度范围内，繁殖可正常进行，即能正常发情、配种。而温度高于 30℃或低于 5℃时，母兔发情率降低，即使交配，空怀率也很高。因此，冬季应注意防寒保暖，夏季注意防暑通风。光线是一种兴奋因素，对母兔的繁殖有重要的影响。在充足的阳光和一定的光照时间下，卵巢上的卵泡才能正常发育。长期黑暗的情况下，下丘脑－垂体－卵巢轴生殖机能活动受到抑制，卵巢上的原始卵泡发育缓慢或受到抑制，母兔不发情，繁殖停止。因此，在生产实践中，应注意保证适当的光照强度和光照时间，对长期照不到光线的家兔，应调到光线较好的笼位，以保证母兔正常的性机能。

其次，要及时治疗疾病。如果空怀母兔调整饲喂量后体况仍不能及时恢复，也不能正常发情配种，则很可能是疾病造成的。母兔泌乳期内营养物质消耗很多，往往会因营养物质失衡而造成食欲不振、消化不良等消化系统疾病以及体内一些代谢病，如钙、磷的流失造成的疾病等。有些母兔则可能因为交配、人工授精或产仔而患有生殖系统疾病，如输卵管炎症、子宫内膜炎、子宫积脓等。母兔乳房炎是常发疾病，配种前首先要认真检查治疗。

再次，要做好选择淘汰。母兔空怀期也是进行选择淘汰的时期，主要是看母兔繁殖性能的高低、体况和年龄。对于连续三胎空怀、产仔数和断奶成活数偏少、年龄过大以及体质过于衰弱而无力恢复的母兔，要及时淘汰，以保持群体较高的生产水平，提高经济效益。

最后，要及时观察发情情况，适时配种。母兔在断奶后 5~7 天就会发情，饲养人员要认真观察，以便及时配种。对于不发情的母兔要检查原因，及时采取相应的措施。

28. 母兔妊娠期的饲养管理要点有哪些？

妊娠母兔的管理工作中心是"保产"，一切保产技术措施都应该围绕保障母兔生产正常仔兔来进行。保产可以采取以下几项技术措施。

（1）保胎防流产　母兔流产一般发生在妊娠后 15~25 天，尤其是 25 天左右多发。这个阶段母兔受到惊吓、挤压、摸胎不正确、食入霉变饲草料或冰冻饲料、疾病、用药不当等，都可能引起母兔流产，应采取针对性措施加以预防。否则会造成重大损失。

（2）充分做好分娩前的准备工作　一般情况下，要在产前 3 天，将消毒好的产仔箱放入母兔笼内，产仔箱内垫好刨花或柔软的垫草。母兔在产前 1~2 天要拉毛做窝。据观察，母兔产前拉毛做窝越早，其哺乳性能就越好。对于不拉毛的母兔，在产前或产后要进行人工拔毛，以刺激乳房泌乳，利于提高母兔的哺乳性能。

（3）加强母兔的分娩管理　母兔分娩多在黎明时分，一般情况下母兔产仔都较为顺利，每 2~3 分钟能产下 1 只，15~30 分钟可全部产完。个别母兔产下几只后要休息一会，有的甚至拖至第 2 天再产，这种情况往往是由于产仔时母兔受到惊吓所致。因此，母兔分娩过程中，要保持安静，严冬季节要安排人值班，对产到箱外的仔兔要及时保温，放入产仔箱内。母兔产仔完成后，要及时取出产箱，清点产仔数（必要时要称初生窝重和打耳号），剔出死胎、畸形胎、弱胎和沾有血迹的垫草。母兔分娩后，由于失水、失血过多，身体虚弱，精神疲惫，口渴饥饿，所以要准备好盐水或糖盐水，同时要保持环境安静，让母兔得到充分休息。

（4）诱导分娩　在生产实践中，50% 的母兔分娩是在夜间，初产母兔或母性差的母兔，易将仔兔产在产仔箱外，得不到及时护理容易造成饿死或掉到粪板上死亡，尤其是冬季还容易冻死，从而影响仔兔的成活率。采取诱导分娩技术，可让母兔定时产仔，有效提高仔兔成活率。

诱导分娩的具体操作方法：将妊娠 30 天以上（含 30 天）的母兔，放置在桌子上或平坦地面，用拇指和食指一小撮一小撮地拔下乳头周围的被毛，然后放入事先准备好的产箱内，让出生 3~8 日龄的其他窝仔兔（5~6 只）吮吸乳头 3~5 分钟，再放进其将使用的产箱内，一般 3 分钟左右便可以开始分娩。

（5）人工催产　对妊娠超过 30 天（含 30 天）仍不分娩的母兔，可以采用人工催产。人工催产的具体方法是：先在母兔阴部周围注射 2 毫升普鲁卡因注射液，再在母兔后腿内侧肌内注射 1 支（2 国际单位）催产素，几分钟后仔兔便可全部产出。需要注意的是，人工催产不同于正常分娩，母兔往往不去舔食仔兔的胎膜，仔兔会出现窒息性假死，不及时抢救会变成死仔。因此，对产下的仔兔要及时清理胎膜、污水、血毛等，并用垫草盖好仔兔，同时要注意及时供给母兔青绿饲料和饮水。

（6）母兔产后管理　母兔产仔后的 1~2 天内，由于食入胎衣、胎盘，消化机能较差，因此应饲喂易消化的饲料。分娩后的 1 周内，应服用抗菌药物，不仅可以预防产道炎症，同时还可以预防乳腺炎和仔兔黄尿病，促进仔兔生长发育。

29. 泌乳母兔的饲养管理要点有哪些？

母兔从分娩产仔到仔兔断奶这一段时间称为泌乳期。母乳是仔兔断奶前的主要营养来源，更是仔兔采食固体食物前的唯一营养来源，因此，泌乳母兔饲养管理的目标是给仔兔提供量多质好的奶水，并维持自身良好的体况和繁殖机能。泌乳期应重点防治乳房炎。

（1）泌乳母兔的饲养　母兔在泌乳阶段分泌大量乳汁，一般每天可分泌 60~150 毫升，高产母兔可达 150~250 毫升，甚至高达 300 毫升，其泌乳量自产后逐渐上升，到 21 日龄左右达到高峰，此后持续下降。在泌乳早期，母兔的饲料消耗量逐渐增加，此时摄入的营养不仅能够满足泌乳的需要，还能有一定的增重。然而，随着产奶量的增加，母兔越来越多地动用体脂用于产奶，出现失重，到泌乳高峰期时体况下降严重，特别是初产母兔，由于采食能力有限，很容易由于失重过多而变得太瘦（体况下降 20%）。因此，哺乳母兔应全期实行强化饲养，以防营养不足而影响泌乳和母兔失重过多，进而影响以后的繁殖性能。

泌乳母兔应提供高能量、高蛋白质的日粮，以提高日营养摄入量，减少泌乳后期能量缺乏状况的发生，其能量水平维持在 10.8 兆焦／千克，蛋白质水平为 18%。日粮结构要相对稳定。在产后 3 天内，要控制饲喂量，多喂青绿饲料，以起到催乳和防止便秘、调节母兔肠胃功能的作用，随后可以逐渐过渡到自由采食，以满足母兔较高的营养需求量。仔兔断奶前 3~5 天，应逐渐降低母兔的饲喂量，以促使母兔回奶，体况差的母兔也可以不减料。

（2）泌乳母兔的管理 管理上，要给母兔提供安静的环境，尽量减少噪音、避免粗暴对待母兔，特别是在母兔哺乳时，不要惊扰母兔，以防吊乳和影响哺乳。兔舍要保持温暖、干燥、卫生、空气新鲜，随时提供清洁的饮水。笼底板、产仔箱等用具要保持清洁卫生和光滑平整，以免刺伤母乳乳房。每天检查母兔的泌乳情况和仔兔的吃奶情况，对没奶或奶水不够的母兔要进行催奶，对有奶不喂的母兔要实行强制哺乳。饲养管理人员要经常观察泌乳母兔的采食、粪便、精神状态等情况，以便判断母兔的健康状况，发现异常应及时查清原因，采取相应的措施。母兔泌乳阶段很容易患乳房炎症，随时对母兔的乳房、乳头进行检查，如发现有硬块、红肿等症状，要及时隔离治疗。

30. 如何抓好商品肉兔的饲养管理？

商品肉兔饲养管理的任务是搞好育肥，即改善兔肉品质，提高产肉性能，使兔生产出又多又好的兔肉。

（1）选好肉兔品种 育肥效果的好坏在很大程度上取决于育肥兔的基因组成。基因组成好的优良兔品种增重快、饲养期短、饲料报酬高、产仔多、屠宰率高、兔肉品质好。基因是实现家兔快速育肥的基础。

饲养优良品种比原始品种要好，经济杂交比单一品种的效果好，配套系的育肥性能和效果比经济杂交更好，是目前生产商品兔的最佳形式。不过目前我国配套系资源不足，大多数地区还不能实现直接饲养配套系。一般来说，引入品种与我国的地方品种杂交，均可表现一定的杂种优势。

（2）抓断奶体重　育肥速度在很大程度上取决于早期增重的快慢。凡是断奶体重越大的仔兔，育肥期的增重就越快，就越容易抵抗环境应激，从而顺利度过断奶期。相反，断奶体重越小，断奶后越难养，育肥期增重就越慢。30天断奶个体重的标准：中型兔500克以上、大型兔600克以上。实现以上目标，应重点抓好以下几项工作。

① 提高母兔的泌乳力。仔兔在采食饲料之前的半月多的时间里，母乳是唯一的营养来源。因此，母兔泌乳量的高低决定了仔兔的生长速度，同时，也决定了仔兔成活率的高低。提高母兔泌乳力，应该增加母兔营养，特别是保证蛋白质、必需氨基酸、维生素、矿物质等营养的供应，保证母兔生活环境的幽静舒适。

② 调整母兔哺育的仔兔数。母兔一般8个乳房，1天哺喂1次。每次哺喂的时间，仅仅几分钟。因此，如果仔兔数超过乳头数，多出的仔兔就得不到乳汁。凡是体质弱、体重小的仔兔，在捕捉乳头的竞争中，始终处于劣势和被动局面。要么吃不到乳，要么吃少量的剩乳。久而久之饥饿而死，即便不死也成为永远长不大的僵兔，丧失饲养价值和商品价值。因此，针对母兔的乳头数和泌乳能力，在母兔产后及时进行仔兔调整，即寄养，将多出的仔兔调给产仔数少的母兔哺育。如果没有合适的保姆兔，果断淘汰多余的小兔也比勉强保留效益高。

③ 抓好仔兔的补料。母兔的泌乳量是有限的，随着仔兔日龄的增加，对营养要求越来越高。因此，仅仅靠母乳不能满足其营养需要，必须在一定时间补充一定的人工料，作为母乳的营养补充。一般仔兔15日龄出巢，此时牙齿生长，牙床发痒，正是开始补料的适宜时间。生产中一般从仔兔16日龄以后开始补料，一直到断乳为止。在16~25日龄仍然以母乳为主，补料为辅。此后以补料为主，母乳为辅。仔兔料要保证较高的营养价值，易消化，适当添加酶制剂和微生态制剂等。

（3）过好断奶关　断乳对仔兔是一个难以逾越的坎。首先，由母仔同笼突然到独立生活，甚至离开自己的同胞兄妹；其次，由乳料结合到完全采食饲料；最后，由原来的笼舍转移到其他陌生环境。无论是对其精神上、身体上，还是胃肠道都是非常大的应激。因此，仔兔从断奶向育肥的过渡非常关键。如果处理不好，在断奶后2周左右增重缓慢，停止生长或减重，甚至发病死亡。断奶后最好原笼原窝饲养，即采取移母留仔法。若笼位紧张，需要调整笼子，一窝的同胞兄妹不可分开。育肥期实行小群笼养，切不可一兔一笼，或打破窝别和年龄，实行大群饲养。这样会使刚断奶的仔兔产生孤独感、生疏感和恐惧感。断奶后1~2周内应饲喂断奶前的饲料，以后逐渐过渡到育肥料。否则，突然改变饲料，2~3天内即出现消化系统疾病。断奶后前2周最容易出现消化道疾病——腹泻。预防腹泻是断乳仔兔疾病预防的重点。以微生态制剂强化仔兔肠道有益菌，对于控制消化机能紊乱非常有效。

（4）直接育肥　家兔在3月龄前是快速生长阶段，且饲料报酬高，应充分利用这一生理特点，提高经济效益。家兔的育肥期很短，一般从断奶30天到出栏仅40~60天。而我国传统的"先吊架子后填膘"育肥法并不科学。仔兔断奶后不可用大量的青饲料和粗饲料饲喂，应采取直接育肥法，即满足幼兔快速生长发育对营养的需求，应使日粮中蛋白质达到17%~18%、能量达到10.47兆焦/千克以上，粗纤维控制在12%左右。从而使仔兔顺利完成从断奶到育肥的过渡，不会因营养不良而使生长速度减慢或停顿，并且一直保持到出栏。小公兔不去势的育肥效果更好。因为肉用品种的公兔性成熟在3月龄以后，而出栏在3月龄以前，在此期间其性行为不明显，不会影响增重。相反，睾丸分泌的少量雄激素会促进蛋白质合成，加速兔子的生长，提高饲料的利用率。生产中发现，在3月龄以前，小公兔的生长速度大于小母兔，也说明了这一问题。再者，不论采取刀骟也好，药物去势也好，由于伤口或药物刺激所造成的疼痛，以及睾丸组织的破坏和伤口的恢复，都是对兔的不良刺激，会影响兔子的生长发育，不利于育肥。

（5）控制环境　育肥效果的好坏，在很大程度取决于为其提供的环境条件，主要是指温度、湿度、密度、通风和光照等。温度对于家兔的生长发育十分重要，过高和过低都是不利的，最好保持在25℃

左右，在此温度下体内代谢最旺盛，蛋白质的合成最快。适宜的湿度不仅可以减少粉尘污染，保持舍内干燥，还能减少疾病的发生，最适宜的湿度应控制在55%~60%。饲养密度应根据温度和通风条件而定。在良好的条件下，每平方米笼养面积可饲养育肥兔18只。在生产中由于我国农村多数兔场的环境控制能力有限，过高的饲养密度会产生相反的作用，一般应控制在每平方米14~16只；育肥兔由于饲养密度大，排泄量大，如果通风不良，会造成舍内氨气浓度过大，不仅不利于家兔的生长，影响增重，还容易使家兔患呼吸道的多种疾病。因此，育肥兔对通风换气的要求较为迫切；光照对家兔的生长和繁殖都有影响。育肥期实行弱光或黑暗，仅让兔子看到采食和饮水，能抑制性腺发育，延迟性成熟，促进生长，减少活动，避免咬斗，快速增重，提高饲料的利用率。

（6）科学选用饲料和添加剂　保证育肥期间营养水平达到营养标准是家兔育肥的前提。此外，不同的饲料形态对育肥也有一定影响。试验表明，与粉料相比，使用颗粒饲料增重可提高8%~13%，饲料利用率提高5%以上。除了满足育肥兔在蛋白质、能量、纤维等主要营养的需求外，维生素、微量元素及氨基酸添加剂的合理使用，对于提高育肥性能也有举足轻重的作用。维生素A、维生素D、维生素E，微量元素锌、硒、碘等能促进体内蛋白质的沉积，提高日增重；含硫氨基酸能刺激消化道黏膜，起到健胃的作用，并能增加胆汁内磺酸的合成，从而增强消化吸收能力。还可以改善菌体蛋白质品质，提高营养物质的利用率。常规营养以外，可选用一定的高科技饲料添加剂。如：稀土添加剂具有提高增重和饲料利用率的功效；杆菌肽锌添加剂有降低发病率和提高育肥效果的作用；腐殖酸添加剂可提高家兔的生产性能；酶制剂可帮助消化，提高饲料利用率；微生态制剂有强化肠道内源有益菌群、预防微生态失调的作用；寡糖有提供有益菌营养、增强免疫和预防疾病的作用；抗氧化剂不仅可防止饲料中一些维生素的氧化，也具有提高增重、改善肉质品质的作用；中草药饲料添加剂由于组方不同，效果各异。总之，根据生产经验和兔场的实际情况，在饲料添加剂方面投入，经济上是合算的，生产上是可行的。

（7）自由采食和饮水　我国传统家兔育肥，一般采用定时、定量、少喂勤添的饲喂方法和"先吊架子后填膘"的育肥策略。现代研究表明，让育肥兔自由采食，可保持较高的生长速度。只要饲料配合合理，不会造成育肥兔的过食、消化不良等现象。自由采食适于饲喂颗粒饲料，而粉拌料不宜，因为饲料的霉变问题不易解决。在育肥期，总的原则是让育肥兔吃饱吃足，只有多吃，才能多长。有的兔场采用自由采食出现家兔消化不良或腹泻现象，其主要原因是在自由采食之前采用少喂勤填的方法，突然改为自由采食，家兔的消化系统不能立即适应。可采取逐渐过渡的方式，经过 1 周左右的时间即可调整过来。为了预防因自由采食出现的副作用，可在饲料中增加酶制剂和微生态制剂，降低高增重带来的高风险。水对于育肥兔是不可缺少的营养。饮水量与气温量呈正相关，与采食量呈正相关。保证饮水是促进育肥不可缺少的环节。饮水过程中注意水的质量，保证其符合畜禽饮用水标准。防止水被污染，定期检测水中的大肠杆菌数量。尤其是使用开放式饮水器的兔场更应重视饮水卫生。

（8）控制疾病　家兔育肥期很短，育肥强度大，在有限的空间内基本上被剥夺了运动自由，对疾病的耐受性差。一旦发病，同笼及周边小兔容易被传染。即便发病没有死亡，也会极大影响生长发育，使育肥出栏同期化成为泡影。因此，在短短的育肥期间，安全生产、健康育肥、降低发病、控制死亡是家兔育肥的基本原则。家兔育肥期易感染的主要疾病是球虫病、腹泻和肠炎、巴氏杆菌病及兔瘟。球虫病是育肥兔的主要疾病，全年皆可发生，以 6—8 月为甚。应采取药物预防、加强饲养管理和搞好卫生相结合的方法积极预防。预防腹泻和肠炎的方法是提倡卫生调控、饲料调控和微生态制剂调控相结合，尽量不用或少用抗生素和化学药物，不用违禁药物。卫生调控就是搞好环境卫生和饮食卫生，粪便堆积发酵，以杀死寄生虫卵。饲料调控的重点是饲料配方中粗纤维含量的控制，一般应为12%，在容易发生腹泻的兔场可增加到14%。选用优质粗饲料是控制腹泻和提高育肥效果的保障。微生态制剂调控是一项新技术，其效果确实，投资少，见效快。预防巴氏杆菌病，一方面应搞好兔舍的环境卫生和通风换气，加强饲养管理。另一方面在疾病的多发季节适时进行药物预防。对于兔瘟只有定期注射兔瘟疫苗才可控制。一般断奶后 35~40

日龄注射最好，每只皮下注射 1 毫升。对于兔瘟顽固性发生的兔场，最好在第 1 次注射 20 天后强化免疫一次。

（9）适时出栏　出栏时间应根据品种、季节、体重和兔群表现而定。在我国目前的饲养条件下，一般家兔 90 日龄达到 2.5 千克即可出栏。大型品种，骨骼粗大，皮肤松弛，生长速度快，出肉率低，出栏体重可适当大些。但其生长速度快，90 日龄体重可达到 2.5 千克以上。因此，3 月龄左右即可出栏。中型品种骨骼细、肌肉丰满、出肉率高，出栏体重可小些，达 2.25 千克以上即可。春秋季节，青饲料充足，气温适宜，家兔生长较快，育肥效益高，可适当增大出栏体重。如果在冬季育肥，维持消耗的营养比例较高，尽量缩短育肥期，只要达到最低出栏体重即可出售。家兔育肥是在有限的空间内，高密度养殖。因此，育肥期疾病的风险很大。如果在育肥期周围发生了传染性疾病，应封闭兔场，禁止出入，严防病原菌侵入。若此时育肥期基本结束，兔群已基本达到出栏体重，为了降低继续饲养的风险，可立即结束育肥。每批家兔育肥，应进行详细的记录登记。尤其是存栏量、出栏量、饲料消耗和饲养成本。计算出栏率和料肉比。总结成功的经验和失败的教训，为日后的工作奠定基础。

31. 如何搞好獭兔的饲养管理？

獭兔因其绒毛平整直立、有绚丽丝光、手感柔软舒适，很像珍贵毛皮兽水獭的毛皮，因而被冠以"獭兔"之美名。要想养好獭兔并获得理想的经济收益，需要在了解其生物学特性及生长发育特点的基础上，抓好饲养管理的关键环节。

（1）青粗饲料为主，精料为辅　獭兔属草食性动物，其消化系统天生适合青绿饲料和粗饲料，因此，在饲养中应以青粗料为主，对于营养不足部分才补以精料，这样既能降低日粮成本，又可避免因精料过多而影响獭兔的健康。日粮中的青粗料应占 70%~80%、混合精料占 20%~30%，体重为 3.5~4 千克的成年兔每天供给青粗饲料 450~500 克，为本身体重的 10%~30%，再补喂混合精料 100~150 克。

（2）饲料多样，合理搭配　獭兔生长快，需要有充分的营养供给，因此日粮应由多种饲料组成，并合理搭配、营养互补，以达到营养平衡、全面。如单一饲喂饲料，则往往会产生不平衡状况，营养也不能充分吸收利用；尤其需要注意的是，如果日粮中蛋白质含量过低，达不到其生长发育的需要，必将直接影响其毛皮质量。所以，在饲喂中应合理搭配禾本科和豆类饲料，二者相互补充，营养就会比较完善，能明显地提高饲料的利用率和经济效益。

（3）定时定量，少给勤添　定时就是固定每天的喂饲时间，使獭兔养成定时采食的习惯；定量就是根据獭兔的年龄、生理状态、季节等不同特点规定每天的喂量标准，这样有利于饲料的消化与吸收；同时，还要做到少喂勤添，要让兔子在短时间内吃净食槽中的饲料，以吃饱为度，饲喂不过多或过少，以保持兔子旺盛的食欲和减少饲料浪费。

（4）更换饲料，逐渐增减　一年之中的饲料和饲草的种类来源会发生变化：夏秋季多青绿饲料，而春冬季则以干草和根茎饲料居多。所以，在改变饲料种类时宜逐渐增加新用饲料量，使之有一个过渡和适应的过程，以免突然改变饲料种类而使獭兔采食量下降，或导致消化道疾病。

（5）加喂夜草，注意饮水　獭兔有吃夜草的生活习性，因此晚上喂料量应多于白天，特别是冬季更要如此。水为獭兔的生命所必需，不论幼兔、妊娠兔或哺乳兔都需要及时供给清洁饮水。笼养兔最好采用自动饮水；冬季最好能饮用温水，以避免引起消化性疾病；高温季节需水量增加，要及时加水，不能断水。

（6）保持干燥，注意卫生　獭兔喜清洁、爱干燥。潮湿污秽的环境往往容易导致疾病流行，还会污染兔子的皮毛，从而降低毛皮的商品价值。因此，必须每天清扫笼舍，保持兔舍清洁干燥，这样既可满足獭兔的习性要求，又可防止疾病发生。

（7）保持安静，防止惊扰　獭兔是胆小怕惊的动物，若有突然响声或兽类出现，极易惊慌乱窜而造成不必要的应激，轻则导致饲料报酬下降，重则发生疾病和创伤。因此，日常管理中要轻脚轻手，尽量保持兔舍安静，注意防止狗、猫、鼠、蛇等的侵扰。

（8）适当运动，增强体质　适当运动能促进獭兔的食欲、增强体质，还可减少母兔的空怀和死胎。因此，笼养种兔（特别是种公兔）

每周应放出去运动 1~2 次，每次运动 1 小时左右。运动场的地面应平坦踏实，以防止獭兔打洞逃跑，四周要有 1 米高的围栏或围墙。

（9）夏季防暑，雨季防潮　獭兔全身覆盖绒毛，因此高温季节应做好防暑工作。雨季湿度大，是獭兔（球虫病等）发病和死亡率最高的季节，所以要特别注意防潮。此外，寒冷天气对仔兔的威胁较大，要采取防寒保暖措施。

（10）认真观察，注意防疫　在饲养中要养成认真观察的习惯，经常察看獭兔的健康、食欲、粪便等，看鼻孔周围有无分泌物、被毛是否有光泽、有无脱毛或肿块等，做到无病早防、有病早治。凡患病的兔子，必须及时隔离；笼舍、用具等均需严格消毒，以消灭各种病原微生物。

32. 如何搞好毛兔的饲养管理？

（1）毛兔的主要特点

① 产毛性能高。一只体重 4 千克的毛兔年产毛可达 900 克。

② 对蛋白质需求量高。在供给毛兔的饲料中除要满足毛兔本身生长需求外，更多是要满足产毛的营养需求，因兔毛是蛋白质纤维，含蛋白质高达 90% 以上，所以毛兔要投喂高蛋白饲料来满足产生需要。

③ 自身体温调节能力差。毛兔的体温调节要依赖于人为管理，因为毛兔缺少汗腺，全身长满绒毛，特别是夏季散热愈加困难。

④ 发病率较高。毛兔因生产周期较长，一般养殖户饲养 2~3 年才淘汰，同时因其被毛长、人工采毛次数多，再加之高温、潮湿、寒冷等自然条件影响，毛兔除容易感染家兔普通病外，还易发生结核病、毛球病、皮下脓肿和真菌脱毛癣等疾病。

（2）毛兔饲养管理要点

① 要保证所需蛋白质和含硫氨基酸的需要。毛兔对能量的需求与肉兔相近，毛兔饲料蛋白质水平应保持在 17%~19%，含硫氨基酸应达 0.8% 左右。幼兔和哺乳母兔饲料的含硫氨基酸若低于 0.6%，成年毛兔低于 0.5%，则兔毛生长受阻，直接影响产毛量。如果饲料中能量不足，毛兔可通过增加采食量来补偿，而饲料中缺少蛋白质，

则会影响毛兔的产毛量。所以在解决蛋白质的供给时，应注意与能量的科学搭配，来保证饲料营养物质的消化利用，同时在饲料中添加适量的铁、锌、铜等微量元素，对提高产毛量有明显作用。

②　按兔毛生长周期调整日粮喂量。长毛兔一般每3个月采毛1次。采毛后第1个月被毛很短，兔体热量散发最多，采食量也最大；第2个月兔毛生长快，需要充足的营养；第3个月兔毛生长趋缓，但身上的毛比较长，体热散发大幅度下降，导致食欲下降，在夏天尤其明显。所以，剪毛后1~2个月，尤其在寒冷的冬天，每天应供给150~200克配合精料和充足的优质青草。到第3个月，应该逐步减少精饲料的饲喂量，具体用量为75~100克。这样不仅有利于长毛兔的健康和促进毛的生长，还能够减少饲料消耗、节约成本。

③　科学合理采毛。选择合适的采毛时间和采毛方法，不仅能提高兔毛的产量和质量，还有利于种兔的配种繁殖。另外，适当缩短长毛兔采毛的间隔时间，还可以增加长毛兔的年产毛量。长毛兔的采毛方法主要有剪毛和拔毛2种，拔毛又分为拔光和拔长留短2类。不同种类的长毛兔，采用的拔毛方法也不一样，粗毛型兔宜采用手拔毛，绒毛型兔则以剪毛为好。采用剪毛方式采毛，速度快、省时间，对幼兔、母兔没有不良影响。采用拔长留短则可以提高优级毛数量，而采用拔光的方法既可以提高粗毛质量，还可以提高产毛总产量。采毛时，一般从背部中线开始，由后向前推剪，依次为体侧、臀部、颈部、颌下、头部、腹部和四肢，也可以按照习惯进行。需要提醒的是，不能伤到长毛兔的皮肤，尤其是母兔的乳头，切忌粗暴拔毛，万一失手伤到皮肤，应立即搽碘酒消毒、止血。剪毛要一刀剪断，不剪二茬毛，以免降低兔毛等级。采毛时要边采毛边分级，将兔毛按级存放和保管。季节不同，采毛方法也不相同，夏季最好剪毛方式，剪毛尽量选择早、晚凉爽时进行，冬季最好采用拔毛方式，对于妊娠的母兔，还应留下腹毛。另外，采毛的器械还要注意消毒，病兔剪毛必须单独进行，以防止皮肤病及其他传染病传播。

④　提高产毛兔的繁殖力。俗话说："母兔好，好一窝；公兔好，好一坡"。可见，种公兔的好坏对兔群的影响很大。因此，生产上要加强种公兔的选择，尤其是睾丸，2个睾丸既大又饱满、整齐最好。在饲

养方面，种公兔还要单独饲养，喂给种公兔的饲料不但要多种多样，而且要注意饲料的营养价值。另外，种公兔的毛应 60~70 天剪 1 次。

⑤ 预防慢性传染病。由于长毛兔饲养时间长，慢性病例多。可以采用接种疫苗、通过短期饲喂加药饲料等方法预防传染病。实践证明，在长毛兔的日粮中，保证适量青草、优质干草，或每 7 天停止 1 天给料，即可有效减少毛球病的发生。

33. 春季家兔饲养管理的要点有哪些?

春季日照渐长，青绿饲料丰富，是家兔繁殖的好季节。但此季多阴雨，天气忽晴忽阴变化不定，气温时高时低，昼夜温差较大。随着气温的逐渐回升，各种病原微生物滋生活跃。家兔经过一个冬季的饲养，体况普遍较差，且又处于季节性换毛期，抵抗力下降，特别是仔幼兔，身体机能尚未发育完善，对寒冷和疾病的抗性较差，更容易发病。因此，在饲养管理上要注意做好以下几个方面的工作。

（1）注意天气骤变 春季气温逐渐回升，但这种升温过程不是呈直线的，而是升中有降、降中有升，尤其是在 3 月左右，"倒春寒"现象时有发生，寒流、风雨不时来袭，天气变化无常，气温忽高忽低，骤冷骤热，极易诱发感冒、肺炎、肠炎等呼吸道和消化道疾病。特别是仔兔和断奶不久的幼兔，抗病力较差，极易发病死亡，因此更要精心管理。早春时节，气温普遍偏低，要做好防寒保暖的措施。晚春时节，气温回升较快，应注意通风换气。

（2）保障饲料供应 春季家兔经过一个寒冬，一般体况较差，需要在春季补充营养。同时，春季又是家兔的换毛期，脱去冬毛，长出夏毛，需要消耗较多的营养，对处于繁殖期的种兔来说，更增加了营养负担。因此，应结合春季饲料供应特点，加强家兔的营养，做好饲料的过渡。

早春时节，饲料青黄不接，可以采用全价配合饲料进行饲喂，对于农村家庭兔场而言，可利用冬季储存的萝卜、白菜或生麦芽等，切碎饲喂，为家兔提供一定量的维生素，冬季储存的甘薯秧、花生秧、青干草等粗饲料切成小段饲喂。随着气温的升高，各种青绿饲料逐渐萌芽生长，可采集青草进行饲喂。此时青草幼嫩多汁，适口性好，家兔喜食，但开始饲喂时要控制喂量，否则会出现消化道疾病，严重时造成死亡。一些有毒的青草返青较早，采集时要注意挑选出来，防止家兔误食中毒。春季雨水多，特别是南方地区的梅雨季节，空气湿度大，青绿饲料含水量高，容易出现霉烂变质，而颗粒饲料也容易受潮出现霉变，使用时要特别注意筛选。为增强家兔的抗病能力，可在饲料中拌入一些大蒜、葱等具有杀菌能力的饲料，以减少消化道疾病的发生。对较为瘦弱和处于换毛期的兔子，要加强营养，饲喂营养浓度特别是蛋白质含量较高的饲料，以恢复体况，缩短换毛时间。

（3）预防疾病　春季万物复苏，各种病原微生物活动猖獗，而经过一个冬季的饲养，兔子抗病力普遍较差，各种疾病的发病率普遍较高。因此，必须做好家兔的防疫工作。首先，要按照免疫程序做好各种疫苗的注射，特别要及时接种兔瘟疫苗等。其次，要有针对性地进行预防投药，重点预防巴氏杆菌病、大肠杆菌病、感冒、球虫病等。最后，要做好清洁卫生和消毒工作，每天打扫笼舍，清除粪尿，保持室内通风良好，食具、笼底板等经常刷洗消毒，地面可撒上草木灰、石灰等，借以消毒、杀菌和防潮。火焰枪消毒比较彻底，至少进行一到两次，还能焚烧掉脱落的被毛，保持兔舍干净。

（4）抓好春繁　春季公兔性欲旺盛、精液品质优良，母兔发情明显、发情周期缩短、排卵数多、受胎率高、繁殖能力最强，应充分利用这一有利时机争取多配多产。交替采用频密和半频密的繁殖方式，加大繁殖强度，连产 2~3 胎后再进行调整，但要注意给仔兔及早补饲，增加母兔营养。对于冬季没有加温措施而停止繁殖的小规模兔场来说，由于公兔长期没有配种，造成精子活力低、畸形率较高，刚开始配种的受胎率较低，为此应采取复配或者双重配种，以提高母兔的受胎率和产仔数。采用全价颗粒饲料喂兔时，也应给种兔饲喂部分青绿饲料，以提高种兔的繁殖性能。

（5）做好防暑准备　为使家兔能在夏季有较好的遮荫效果，在春季就应早做准备，特别是在那些兔舍比较简陋的兔场。可在兔舍前栽种一些藤蔓植物，如丝瓜、葡萄、吊瓜、苦瓜、眉豆、爬山虎等，使其在高温期来到时能遮挡兔舍，减少日光的直接照射，降低舍内温度。

在北方，春季温度适宜，雨量较少，多风干燥，阳光充足，比较适于家兔生长、繁殖，是饲养家兔的好季节，应抓紧时机搞好家兔的饲养与繁殖。

34. 夏季家兔饲养管理的要点有哪些?

家兔汗腺不发达，排汗散热的能力差，而我国家兔主产区夏季普遍温度高、湿度大，兔为了散发体热而呼吸频率加快，新陈代谢受到影响，食欲减退、体况消瘦、抵抗力下降、发病率增加，从而影响生产性能，民间更有"寒冬易过，盛夏难养"的说法。因此，夏季要加强饲养管理，改善饲养环境，科学合理搭配饲料，积极做好疾病防治，以增强其抗病力，提高生产能力。

（1）防暑降温　防暑降温是夏季饲养家兔的重中之重，应根据各地各场的实际条件和资金实力情况，因地制宜地采取各种措施进行防暑降温。兔舍周围可多种树木，特别是高大的乔木，或种植丝瓜、葫芦等藤蔓植物来遮阴，还可搭建凉棚、遮阳网等来避免阳光直射；充分利用自然风，打开门窗，使空气对流；同时可在兔舍安装风扇或排气扇等，加强机械通风；也可在屋顶安装水管系统进行喷洒降温。在最炎热时，如果舍内的温度降不下来，可在兔舍地面泼水或放置冰砖，水分蒸发或冰砖溶解或升华时带走热量。舍内洒水会增加湿度，与此同时要加大通风力度，增强湿式冷却降温效果。有条件的兔场可在舍内安装空调或湿帘进行降温。

除改善环境条件外，降低饲养密度，对缓和高温的不利影响也有好处。群养密度不能太大，产箱内垫草不宜太多，并适当去除产箱内多余的兔毛，确保产箱内仔兔不会中暑死亡，并采用母仔分离的方法进行饲喂，既利于仔兔补饲，又利于防暑降温。

（2）确保水料供给　夏季家兔对水的需求更多，饮水要清洁干净、温度低，这样有利于兔体降温。最好安装全自动饮水器，并经常检修饮水器有无堵塞和是否有足够的压力以保证水流量，确保24小时都有清洁的饮水。为提高防暑效果，可在水中加入1%~1.5%的食盐或加入十滴水、藿香正气水等。也可在饮水中添加0.1%~0.2%的人工盐或0.5%小苏打，调节兔体内电解质平衡，减少热应激的发生。

　　夏季天气热，兔子采食量下降，营养物质摄入不足，因此，需要通过提高饲料的营养浓度，特别是能量水平来增加家兔能量的摄入。试验表明，在饲料中添加2%的大豆油或葡萄糖，饲料的适口性改善，采食量上升，可有效缓解热应激。或在饲料中添加诱食剂，以提高采食量。在饲喂上，要做到早餐早喂、晚餐晚喂，中午可以加喂青绿饲料。高温条件下，饲粮中的维生素失效的速度加快，要加强饲料的保管和周转速度，并给种兔补充一定的青饲料。

　　（3）做好疫病防治工作　夏季家兔应激大，抵抗力下降，而此时各种病原体极易滋生，尤其是真菌病、球虫病、大肠杆菌病、兔瘟、巴氏杆菌病等，因此必须严格执行日常消毒和防疫制度，消毒药品和抗球虫药物注意交叉和轮换使用，以免产生耐药性。为降低仔幼兔感染率，在夏季球虫感染的高峰季节，给种兔投喂抗球虫药能有效降低群体暴发球虫的几率。此外，要做好舍内外的清洁卫生，加强灭蚊灭鼠工作。

　　（4）控制繁殖　家兔具有常年发情、四季繁殖的特点，但是当温度超过28℃，种兔的繁殖性能就要受到影响，特别是当温度超过32℃时，公兔精液品质显著下降，性欲减退，母兔基本不发情或发情不接受交配。高温对母兔整个妊娠期均有威胁，妊娠早期，即胎儿着床前后对温度敏感，高温易引起胚胎的早期死亡；妊娠后期，特别是产前1周，胎儿的发育特别快，母体代谢旺盛，营养需求量大，而高温会导致母兔的采食量降低，造成营养的负平衡和体温调节困难，不仅容易流产，有时也会造成母兔死亡。因此，在无防暑降温条件的兔场，夏季要停止繁殖配种。停繁的公母兔应降低喂料量，补充多量青草，以免过肥而影响秋季的繁殖性能。有条件的兔场最好将场内种公兔集中到空调房内，并维持25℃以下的室温，以确保秋季较高的配怀率。而对于具有良好环境控制条件的兔场，只要温度能够维持在28℃以下，则可以正常繁殖，但要避免高繁殖强度。

35. 秋季家兔饲养管理的要点有哪些？

　　秋季气候凉爽，天气干燥，草料丰富，最适合兔的生长，是一年中第二个繁殖的黄金季节。因此，要充分利用这个有利时节，加强饲养管理，提高家兔生产水平，达到增产、增效的目的。

（1）把好气温关　秋季气温差异较大，为使家兔能够健康生长，必须根据气温的变化情况，调节兔舍小环境。秋初季节，气温依然较高，应做好降温工作，喂料时也要做到早上早喂、晚上迟喂。中秋季节，气温逐渐下降，天气凉爽，气候干燥，适宜家兔生长繁殖。深秋季节，气温下降较快，特别是早晚温差大，要关闭门窗，注意保温。同时，早晚露水重，要注意避免饲喂带霜露的饲草，以免造成拉稀。

（2）加强换毛期营养　进入秋季后，成年家兔要脱掉"夏装"换上"冬装"，完成秋季换毛。换毛期的长短，除受日照、气候条件等的影响外，营养水平的高低对换毛时间和次数都有着显著的影响。营养不良的家兔，不仅有提前换毛现象，而且换毛期拖得很长。当营养状况良好时，换毛期正常，换毛速度加快。因此，要加强换毛期的营养供给，通过增加饲喂量或调整饲料配方以增加蛋白质饲料尤其是含硫氨基酸的供给，多喂易消化和维生素含量高的青绿多汁饲料，补充矿物质，以满足换毛的需要，尽量缩短换毛期。

（3）把好防病关　中晚秋时节，天气转凉，温差的变化对兔的刺激易引发感冒、肺炎等呼吸道疾病，特别是巴氏杆菌病，对兔群造成较大的威胁，严重时还会引起死亡。由于秋季气温多变，传染病也很容易发生，因此除做好日常的卫生和消毒工作外，还要严格按照防疫程序做好兔群的免疫工作，加强常见疾病、寄生虫病的预防投药和治疗。由于8—9月处于家兔换毛期，往往造成舍内兔毛飞扬，如不及时加以处理，不仅影响环境卫生，还会加剧家兔呼吸道疾病特别是鼻炎的发病率，因此，除及时清扫脱落的浮毛外，还应不时用火焰枪将粘在笼上的兔毛焚烧，防止兔子舔食，同时也可起到彻底消毒的作用。

（4）抓好秋繁　秋季是家兔繁殖的第二个黄金季节，搞好秋繁工作是提高养兔经济效益的重要措施。经过夏季高温的应激，兔群健康情况较差，应在秋繁前对种兔进行一次全面的清理、调整和更新，将3年以上的老龄兔、繁殖性能差、病残等无种用价值的公母兔清理出兔群，同时将经过选择和鉴定的优秀适龄后备兔补充到种兔群中，以组建一个健康高效的繁殖群。由于夏季持续高温，同时又进入第二次季节性换毛，特别是那些没有良好降温措施的养殖场，秋繁1~2胎配怀率普遍偏低，出现"秋季不孕"的现象。针对这一情况，除给种兔加强营养、改善公兔精液品质和母兔体况外，在配种前要对公兔精液品质进行检查，达不到要求的个体要暂停配种，加强饲养一段时间再进行繁殖，而精液品质较好的公兔，则要重点使用，防止出现盲目配种造成受胎率低的现象。同时采用复配或双重配种方法，以提高母兔的受胎率。

（5）及时储备草料 秋季是家兔饲料丰富的季节，也是收获的最佳季节。根据生产需要，进行粗饲料（如青干草、花生秧、红薯秧、豆秸等）的采收，及时晒干，妥善保存，防止受潮发霉变质。块根块茎饲料要及时收割，就地保存。在贮备草料的同时，也不要忘记在适宜种植冬、春季型牧草的地区及时播种（如黑麦草、菊苣、苜蓿等），并做好前期管理工作，以给来年提供优质青绿饲料。

36. 冬季家兔饲养管理的要点有哪些？

进入冬季，外界气候有了巨大的变化，会给家兔带来严重的冷应激，气温低，青草缺乏，北方地区尤甚，如若饲养管理不当，不仅影响冬季生产，而且还会对来年的发展带来不利影响。因此，要想家兔安全越冬，获得良好的生产效益，则要着重做好以下几方面的工作。

（1）防寒保暖、保持舍温 冬季室外的严寒，使舍内温度也随之降低，过低的舍温，会给家兔带来很大的寒冷应激。尽管成年兔对寒冷的抵抗力强，但是当温度过低时，对兔的生长、增重、繁殖和仔幼兔成活率等都有较大的影响。因此，冬季饲养管理的中心工作是防寒保暖。我国南方地区，冬季月平均气温在10℃以上，最低温度也不过零下几摄氏度，而且持续时间短。因而一般情况下，不需要特别的供暖设备，但是经常出现较强的冷空气袭击，温度突然下降，特别是开放式圈舍，家兔容易感冒和腹泻，因此要采取适当的保温措施。封闭式兔舍要关好门窗，防止贼风侵袭；半开放和开放式兔舍则要放下卷帘或用塑料薄膜等封闭两侧，两端门上挂草帘等。仔兔可以采用保温箱、红外灯或修建仔兔保温室等进行保温，也可适当增加饲养密度，依靠兔群自身温度的散发来提高舍温。北方和高寒地区冬季寒冷，昼夜温差大，1月平均温度在0℃以下，最低气温可达-30℃左右，因此，要在冬季养好兔，必须要有加温设施。兔舍最好采用封闭式，便于保暖和加温；除关闭门窗外，还应安装供暖设施，如暖气、远红外板、地炕等。不管采取何种取暖方法，都要求温度比较稳定，温差范围不能过大，否则易引起兔感冒。在强调保温的同时，不可忽视通风换气，确保空气清新。在风和日丽的中午，应该打开窗户进行通风换气，将新鲜空气带进兔舍，饲养员要注意兔温度，如果兔舍温度下降3~4℃，就应该及时关窗或停止排风，待气温回升时再进行一次，直到兔舍空气清新。

（2）加强营养，增加喂量　在冬季寒冷的环境中，家兔会加大采食量以增加机体代谢产热来维持体温，因此在饲喂上，要充分考虑饲料供应的季节特点和家兔的营养需要，提高日粮的能量水平或加大喂量，一般喂料量要比平时多20%~30%。另外，由于昼短夜长，为避免家兔晚间空腹时间过长，晚上最后一次喂料时要多喂一些。冬季青绿饲料缺乏，尤其是在北方地区，容易发生维生素缺乏症，因此，饲料中应特别注意维生素及微量元素的补充。也可适量加喂胡萝卜等多汁饲料，白菜叶等水分含量高的饲料应晾蔫后再喂，切记不可喂冰冻饲料。

（3）搞好卫生，严格消毒　冬季因为保暖而使兔群处于相对封闭的环境中，兔舍内的二氧化碳、氨气等有害气体浓度以及可吸入颗粒含量都会大大增加。这些有害物质会造成家兔呼吸系统的刺激性伤害和免疫力下降，增加呼吸道疾病的发生，也会使已有的疾病症状加重而难以治愈。此外，舍内空气干燥，飘浮在空气中的细菌和病毒吸附于机体的几率也大大增加，容易造成病原微生物的大量繁殖。因此，做好环境卫生和消毒工作显得尤为重要。圈舍要常清扫，污水、粪便早除净，以保持圈舍清洁卫生、空气新鲜、干燥舒适的良好环境，降低舍内湿度，降低因粪便存积而产生的有害气体的浓度。圈舍要常消毒，常用生石灰加1份水制成熟石灰，然后加4份水即成20%的乳剂用于消毒。也可用碘类、酚类和季铵盐类等其他有效消毒药品消毒，药液应现配现用。专业户（场）应在大门、人畜通道出入口设消毒池或铺垫消毒地毯，消毒液、消毒地毯要勤换，保证新鲜有效。平常如有外来人员出入、车辆进出，必须采取严格的消毒措施。同时，要严格执行疫苗注射和药物保健，以减少疾病的发生。

（4）抓好冬繁　尽管春、秋两季是家兔繁殖的黄金季节，但冬季空气干燥，一些病原微生物的活动受到抑制，兔病相对减少。因此，只要做好冬季的防寒保暖工作，解决好维生素类饲料，合理安排冬繁是非常有利的。严寒使母兔的活动明显减少，发情配种易被忽视，为做好冬繁，种兔舍温度应设法保持在10℃以上。饲料中添加多种维生素，并适当饲喂发芽饲料，如豆芽等，以促进母兔发情。配种时要选择天气晴朗、温度较高的中午进行。要采用重复配种和双重配种的方法，以提高受配率和产仔数。由于冬季气温低，种兔掉膘，如果繁殖任务过重，母兔很容易瘦弱而死。而且，由于御寒的需要，家兔的采食量会加大，日增重降低，养殖成本增加，养殖效益降低。因此，冬繁母兔不宜进行频密繁殖。

第四章 兔场的防疫与免疫

1. 为什么要对兔场进行消毒？消毒的方法和种类有哪些？

目前，养兔场的养殖规模越来越大，非常容易造成疫病的发生和流行，给养殖业造成重大损失。要保护养殖场不遭受传染病的侵害，需要控制传染源、切断传播途径、保护易感动物。消毒是控制传染源、切断传播途径的最有效的方法和途径。加之，定期对饲养的兔群（易感动物）进行免疫、驱虫，兔子就会更健康，疫病就不会发生、流行或少发生、少流行。

消毒是指利用物理方法、化学方法或生物学方法杀灭物体中及环境中的病原微生物，是防止和扑灭各种传染病的重要措施之一。通过环境消毒可消灭动物生长环境中的有害病原微生物，切断各种传播病原微生物的途径，从而预防各种传染病，保证养兔的成活率和正常的生长发育。

（1）消毒的方法

① 物理消毒。物理消毒是指利用物理因素，杀灭或消除病原微生物及其有害物质的方法。例如：在兔舍无兔的情况下，对空气进行紫外线灯照射；竹板、料盒、饮水器、粪板、产仔箱进行刷洗、蒸煮、暴晒；对室内走道、粪沟进行清扫、冲刷；笼具进行火焰烧烤等。其特点是作用迅速，消毒物品不残留有害物质。

② 化学消毒。化学消毒是指利用化学物品对动物生存的环境进行消毒的一种方法。如在喷雾器中加入消毒剂，对兔舍周围环境、兔舍走道、笼具等进行消毒。其特点是使用方便，简单易操作，但化学消毒效果受诸多因素的限制。如被消毒对象的种类（阳性菌、阴性

110

菌、病毒等），消毒药品的选择，消毒药品的浓度，环境温度、湿度、酸碱度等。

③ 生物学消毒。生物学消毒是指利用一些微生物消灭致病微生物的方法。此类消毒方法多用于大规模废物及动物排泄物的处理。如粪便堆积发酵产热，可以杀死大量的寄生虫及其虫卵。其特点是作用慢、效果有限，但费用低。

（2）消毒的种类

① 预防消毒。预防消毒是指在没有明确的传染病存在的情况下，对可能受到病原微生物或其他有害微生物传染的场所和物品进行的消毒。如每周对兔舍周围的环境卫生进行清理、打扫，并利用化学消毒剂对兔舍周围进行喷雾消毒。夏季每周对兔舍带兔消毒一次，以杀灭兔舍内的致病病原微生物等，这些都属于预防消毒。

② 临时消毒。临时消毒是指动物发生疾病，或有传染病发生时，对疫病源地进行的消毒。其主要目的是控制传染源，及时杀死或消灭传染源排出的病原微生物。如幼兔腹泻，一笼中只要有一只兔子腹泻，除对腹泻兔子进行隔离治疗外，还要对其生存环境、竹板、粪板、左右笼位、上下笼位都进行喷雾消毒，以防止病原微生物传播给其他健康的兔子。

③ 终末消毒。终末消毒是指在对有病的动物治愈或动物死亡后，为了彻底消灭传染病的病原体而进行的最后消毒。治愈后的动物经终末消毒后才可以并入大群饲养。

2. 如何对养兔场场区和环境进行消毒？

凡来场的人员、车辆，必须经药物喷雾消毒后，才能进入场内；参观人员必须更换经消毒的工作服、鞋和帽子后才能进入生产区；出售家兔在场外进行，已调出的家兔严禁再送回场；严禁其他畜禽进入场内。

生产区内各栋兔舍周围、人行道每隔 3~5 天大扫除 1 次，每隔 10~15 天消毒 1 次；晒料场、兔运动场每日清扫 1 次，保持清洁干燥，每隔 5~7 天消毒 1 次。消毒药可交替选用 3% 来苏尔、2% 火碱水、5% 漂白粉、0.5% 甲醛、30% 草木灰、0.5% 过氧乙酸、0.02%

百毒杀等。

　　每年春秋两季对易污染的兔舍墙壁、固定兔笼的墙壁涂上10%~20%生石灰乳，墙角、底层笼阴暗潮湿处撒上生石灰；生产区门口、兔舍门口、固定兔笼出入口的消毒池每隔1~3天清洗1次，并用2%的火碱水消毒，确保消毒效果。

　　对兔舍、运动场地面做预防性消毒时，可铲除表层土3厘米左右，用10%~20%新鲜石灰水、3%~5%烧碱水或5%漂白粉溶液喷洒地面，然后垫上一层新土夯实；如进行紧急消毒时，可先在地面充分洒上对病原体具有强烈作用的消毒剂，过2~3小时后，铲去表面10厘米以上的土，并洒上10%~20%石灰水或5%漂白粉，然后垫上一层新土夯实，再喷洒10%~20%石灰水，经5~7天后将健康家兔重新放入饲养。

3. 如何对养兔设备及用具进行消毒？

　　（1）兔舍、兔笼、通道、粪尿底沟　对木、竹兔笼及用具，可用开水或2%热碱水烫洗，也可用0.1%新洁尔灭或3%的漂白粉澄清液清洗。金属兔笼和用具可用喷灯进行火焰消毒，或浸泡在开水中10~15分钟，每日清扫1次、夏秋季节每隔5~7天消毒1次。粪便和脏物应选距兔场150米以外处堆积发酵。在消毒的同时有针对性地用2%敌百虫水溶液或500~800倍稀释的三氯杀螨醇溶液喷洒兔舍、兔笼和环境，以杀灭螨虫和有害昆虫，同时搞好灭鼠工作。

　　（2）设备、工具　各栋兔舍的设备、工具应固定，不得互相借用；每个兔笼和料槽、饮水器和草架也应固定；刮粪耙子、扫帚、锹、推粪车等用具，用完后及时消毒，晴天放在阳光下暴晒；产仔箱、运输笼用完后应冲刷干净，放在阳光下暴晒2~4小时，消毒后备用；家兔转群或母兔分娩前，兔舍、兔笼均须消毒1次。

　　（3）水槽、料槽、料盆、草架子、运料车　应每日冲刷干净，每隔7~10天用沸水浸泡或分别用2%热烧碱水、0.15%洗必泰、2%~4%福尔马林、0.5%过氧乙酸等浸泡消毒10~15分钟后，清水冲洗干净再用；兔病医疗所用的注射器、针头、镊子等每次使用后煮沸30分钟或用0.1%新洁尔灭浸泡消毒；饲养人员的工作服、毛巾和手套等要经常用1%~2%来苏儿或4%热碱水洗涤消毒。

（4）产箱 使用过的产箱应倒掉里面的垫物，用清水冲洗干净，晾干后，在强日光下暴晒5~6小时，冬天可用紫外线灯照射5~6小时，再用消毒液喷雾消毒备用。

（5）兽医器械及用品的消毒 兽医器械及用品的消毒方法见表4-1。

表4-1 兽医器械及用品的消毒

消毒对象	消毒药物与方法步骤	备注
体温表	先用1%过氧乙酸溶液浸泡5分钟做第一道处理，然后再放入另一1%过氧乙酸溶液中浸泡30分钟做第二道处理	1. 针头用皂水煮沸消毒15分钟后，洗净，消毒后备用；2. 煮沸时间从水沸腾时算起，消毒物应全部浸入水内
注射器	针筒用0.2%过氧乙酸溶液浸泡30分钟后再清洗，经煮沸或高压消毒后备用	
各种玻璃接管	1. 将接管分类浸入0.2%过氧乙酸溶液中，浸泡30分钟后用清水冲清；2. 再将接管用皂水刷，清水冲净，烘干后，分类装入盛器，经高压消毒后备用	有积污的玻璃管，须用清洁液浸泡，2小时后洗净，再消毒处理
药杯、换药碗（搪瓷类）	1. 将药杯用清水冲去残留药液后浸泡在1:1000新洁尔灭溶液中1小时；2. 将换药碗用肥皂水煮沸消毒15分钟；3. 再将药杯与换药碗分别用清水刷洗冲净后，煮沸消毒15分钟或高压消毒后备用（如药杯系玻璃类或塑料类的可用0.2%过氧乙酸浸泡2次，每次30分钟后，清洗烘干、备用）	1. 药杯与换药碗不能放在同一容器内煮沸或浸泡；2. 若用后的药碗染有各种药液颜色的，应煮沸消毒后用去污粉擦净、洗清、揩干后，再浸泡；3. 冲洗药杯内残留药液下来的水须经处理后再弃去

消毒对象	消毒药物与方法步骤	备注
托盘方盘弯盘（搪瓷类）	1. 将其分别浸泡在1%漂白粉澄清液中1小时；2. 再用皂水刷洗，清水洗净后备用	漂白粉澄清液每2周更换1次，夏季每周更换1次
污物敷料桶（搪瓷类）	1. 将桶内污物倒去后，用0.2%过氧乙酸溶液喷雾消毒，放置30分钟；2. 用碱或皂水将桶刷洗干净，清水洗净后备用	1. 污物敷料桶每周消毒1次；2. 桶内倒出的污敷料须消毒处理后回收或焚毁后弃去
污染的镊子、钳子等	1. 放入1%皂水煮沸消毒15分钟；2. 再用清水将其冲净后，煮沸15分钟或高压消毒备用	1. 被脓、血污染的镊子、钳子或锐利器械应先用超声波清洗干净，再行消毒；2. 刷洗下的脓、血水按每1 000毫升加过氧乙酸原液10毫升计算（即1%浓度），消毒30分钟后，才能倒弃；3. 器械盒每周消毒一次；4. 器械使用前应用生理盐水淋洗
锐利器械	1. 将器械浸泡在2%中性戊二醛溶液中1小时；2. 再用皂水将器械用超声波清洗，清水冲净，揩干后，浸泡于第二道2%中性戊二醛溶液中2小时；3. 将经过第一二道消毒后的器械取出后用清水冲洗后的器械取出后用清水冲洗后浸泡于1∶1 000新洁尔灭溶液的消毒盒内备用	
开口器	1. 将开口器浸入1%过氧乙酸溶液中，30分钟后用清水冲洗；2. 再用皂水刷洗，清水冲洗，揩干后，煮沸或高压蒸汽消毒备用	浸泡时开口器应全部浸入消毒液中

（续表）

消毒对象	消毒药物与方法步骤	备注
硅胶管	1. 将硅胶管拆去针头，浸泡在0.2%过氧乙酸溶液中，30分钟后用清水冲洗；2. 再用皂水冲洗硅胶管管腔后，用清水冲净、揩干	拆下的针头按注射器针头消毒处理
手套	1. 将手套浸泡在0.2%过氧乙酸溶液中，30分钟后用清水冲洗；2. 再将手套用皂水清洗清水漂净后晾干；3. 将晾干后的手套，用高压蒸汽消毒或环氧乙烷熏蒸消毒后备用	手套应浸没于过氧乙酸溶液中，不能浮于液面上
橡皮管、投药瓶	1. 用浸有0.2%过氧乙酸的揩布擦洗物件表面；2. 再用皂水将其刷洗、清水洗净后备用	
导尿管、肛管、胃导管	1. 将物件分类浸入1%过氧乙酸溶液中、浸泡30分钟后用清水冲洗；2. 再将物件用皂水刷洗、清水洗净后，分类煮沸15分钟或高压消毒后备用	物件上胶布痕迹可用乙醚擦除
输液输血皮条	1. 将皮条针上头拆去后，用清水冲净皮条中残留液体，再浸泡在清水中；2. 再将皮条用皂水反复揉搓，清水冲净，揩干后，高压消毒备用	拆下的针头按注射器针头消毒处理
手术衣、帽、口罩等	1. 将其分别浸泡在0.2%过氧乙酸溶液中30分钟，用清水冲洗；2. 再用皂水搓洗，清水洗净、晒干高压灭菌备用	口罩应与其他物件分开洗涤

（续表）

消毒对象	消毒药物与方法步骤	备注
创巾、敷料等	1.污染血液的，先放在冷水或5%氨水内浸泡数小时，然后在皂水中搓洗，最后在清水中漂净；2.污染碘酊的，用2%硫代硫酸钠溶液浸泡1小时，清水漂洗、拧干，浸于0.5%氨水中，再用清水漂净；3.经清洗后的创巾、敷料高压蒸汽灭菌备用	被传染性物质污染时，应先消毒后洗涤，再灭菌
推车	1.每月定期用去污粉或皂粉将推车擦洗1次；2.污染的推车应及时用0.2%过氧乙酸溶液擦拭，30分钟后再用清水揩净	

4. 如何做好兔群的消毒?

（1）兔舍带兔消毒　先彻底清除粪便、剩余饲料等污物，用清水洗刷干净，待干燥后进行消毒，平时每7天消毒1次，可分别用5%~20%漂白粉溶液、0.15%新洁尔灭溶液、百毒杀等喷洒。

（2）转群或分娩前、空舍时的消毒　常采用福尔马林熏蒸，每立方米空间用福尔马林25毫升，水12.5升，两者混合后加入容器（要求是广口的）内，再放入高锰酸钾12.5克，关闭门窗消毒24小时，然后打开窗户通风透气，停留1天后再放入家兔；或用过氧乙酸熏蒸，每立方米空间1~3克，配制成3%~5%溶液，熏蒸时关闭门窗1~2小时。因稀释液不稳定，要现用现配。

5. 兔场的污水与粪便污物如何消毒?

（1）污水消毒　可在每立方米水中加漂白粉8~10克。

（2）粪便等污物消毒　常采用生物热发酵方法：在距兔场200米以外无居民、河流及水井而且土质干涸的地方，挖几个圆形或长方形的发酵池，坑壁、坑底拍打结实，最好用砖砌后再抹水泥，以防渗水。然后将每天清除的粪便及污物等倒入池内、直到快满时，在粪便表面铺上一层杂草，上面用一层泥土封好，经过 1~3 个月可达到消毒目的，取出后作肥料用。

6. 如何进行饮水消毒？

（1）饮水系统的消毒 对于封闭的乳头饮水系统而言，可通过松开部分的连接点来确认其内部的污物。污物可粗略地分为有机物（如细菌、藻类或霉菌）和无机物（如盐类或钙化物）。可用碱性化合物或过氧化氢去除前者，用酸性化合物去除后者，但这些化合物都具有腐蚀性，应确认主管道及其分支管道均被冲洗干净。

① 封闭的乳头或杯形饮水系统消毒。先高压冲洗，再将消毒液灌满整个系统，并通过闻每个连接点的化学药液气味或测定其 pH 来确认是否被充满。浸泡 24 小时以上，充分发挥化学药液的作用后，排空系统，并用清水彻底冲洗。

② 开放的圆形和杯形饮水系统消毒。用清洁液浸泡 2~6 小时，将钙化物溶解后再冲洗干净，如果钙质过多，则必须刷洗。将带乳头的管道灌满消毒药，浸泡一定时间后冲洗干净并检查是否残留有消毒药；而开放的部分则可在浸泡消毒液后冲洗干净。

（2）饮水消毒 兔饮水应清洁无毒、无病原菌，符合人的饮用水标准。生产中使用干净的自来水或深井水，但水容易受到污染，需要定期进行消毒。生产上常用的饮水消毒剂多为氯制剂、碘制剂和复合季铵盐类等。消毒药可以直接加入蓄水或水箱中，用药量应以最远端饮水器或水槽中的有效浓度达该类消毒药的最适饮水浓度为宜。家兔喝的是经过消毒的水而不是喝的消毒药水，任意加大水中消毒药物的浓度或长期使用，除可引起急性中毒外，还可杀死或抑制肠道内的正常菌群，影响饲料的消化吸收，对家兔健康造成危害，还会影响疫苗防疫效果。饮水消毒应该是预防性的，而不是治疗性的，因此消毒剂饮水要谨慎行事。

7. 兔场垫料如何消毒？

兔子使用的垫料可以通过阳光照射的方法进行消毒，这是一种最经济、最简单实用的消毒方法。将垫料放在烈日下，暴晒 2~3 小时，能杀灭多种病原微生物。对于少量的垫料，可以直接用紫外线灯照射 1~2 小时，可以杀灭大部分微生物。

8. 发生疫病后，兔场怎样进行紧急消毒？

（1）立即隔离病兔　兔场一旦发生传染病后，应迅速将有病和可疑病兔隔离治疗。饲料、饮水和用具不得入内，在隔离所进出口设消毒池，防止疫情的扩散和传播。

（2）及时诊断　兔场发生疫病时，应及时组织人员现场会诊，得出准确的疫情报告，提出防治疫病的紧急补救措施。

（3）消毒杀菌　当疫病已在本场发生或流行时，应对疫区和受威胁的兔群进行紧急疫情扑灭措施。对污染过的兔笼、饲料、食槽、饮水器、各种用具、衣服、粪便、环境和全部兔舍用 1%~3% 热碱溶液、3%~5% 苯酚溶液、3%~5% 来苏尔和 10%~20% 石灰乳消毒，切断各种传播媒介。目前常用的还有过氧乙酸和毒杀等新的消毒药。

（4）紧急预防接种　有的传染病可用药物进行预防性治疗。如兔巴氏杆菌病可用青霉素、链霉素、磺胺药进行防治。与此同时，必须加强饲养管理，增加有营养的饲料，提高兔群的抵抗力。

（5）挽救病兔，减少损失　兔场发生传染病后，保护健康兔、挽救病兔和净化兔场的工作应同时全盘开展，刻不容缓。治疗病兔的目的在于通过消除传染源，净化环境，减少兔场损失，同时为今后工作积累新的经验。及时安全处理病兔和死兔，有价值的种兔需要精心治疗，没有价值的应及时淘汰，妥善处理或深埋或烧毁处理，不得食用和作商品兔出售。

兔场发生传染病，尤其是烈性传染病，常给兔场带来重大危害，有的甚至在短时间内全军覆灭，造成惨重的经济损失。一旦发现应及时处理。

9. 兔舍环境有什么要求?

兔舍环境应便于实施科学的饲养管理,以减轻劳动强度,提高工作效率。固定式多层兔笼总高度不宜过高,为便于清扫、消毒,双列式道宽以 1.5 米左右为宜,粪水沟宽应不小于 0.3 米。家兔的环境卫生指标应根据家兔的生理习性来制定。

(1)温度 兔子汗腺极不发达,对环境温度非常敏感。据试验,仔兔的最适温度为 30~35℃、幼兔为 20~25℃、成年兔为 15~20℃。建舍时要考虑环境温度。

(2)湿度 兔性喜干燥环境,最适宜的相对湿度为 60%~65%,一般不应低于 55% 或高于 70%。高温高湿和低温高湿环境对兔子有百害而无一利,既不利夏季散热,也不利冬季保温,还容易感染体内外寄生虫病等。

(3)通风 通风是调节兔舍温湿度的好方法,还可排除兔舍内的污浊气体、灰尘和过多的水气,能有效地降低呼吸道疾病的发病率。兔子排出的粪尿及污染的垫草,在一定温度条件下可分解散发出氨、硫化氢、二氧化碳等有害气体。兔子是敏感性很强的动物,对有害气体的耐受量比其他动物低,当兔子处于高浓度的有害气体环境条件下,极易引起呼吸道疾病,加剧巴氏杆菌病、传染性感冒等的蔓延。

通风方式,一般可分为自然通风和机械通风两种。小型兔场常用自然通风方式,利用门窗的空气对流或屋顶的排气孔和进气孔进行调节,大中型兔场常采用抽气式或送气式的机械通风,这种方式多用于炎热的夏季,是自然通风的辅助形式。

兔子冬季必须保证每千克活兔每小时 1 米^3 的新鲜空气通风量,这些风量必须通过风机负压来均衡实现,不能间断提供,否则真菌皮肤病和鼻炎等疾病会在第二年春天暴发。夏天也不是通风越大越好,过大不但不能降低反而会提高温度,因为风速超过 1.8 米 / 秒时,湿帘就会降低或失去降温作用,另外过大风速会对兔子产生不利影响。

(4)光照 光照对兔子的生理机能有着重要的调节作用。适宜的光照有助于增强兔子的新陈代谢,增进食欲,促进钙、磷的代谢作用;光照不足则可导致兔子的性欲和受胎率下降。此外,光照还具有杀菌、保持兔舍干燥和预防疾病等作用。生产实践表明，公母兔对光照要求是不同的。

（5）噪声　噪声是重要的环境因素之一。据试验，突然的噪声可导致妊娠母兔流产，哺乳母兔拒绝哺乳，甚至残食仔兔等严重后果。噪声的来源主要有三方面：一是外界传入的声音；二是舍内机械、操作产生的声音；三是兔子自身产生的采食、走动和争斗的声音。兔子如遇突然的噪声就会惊慌失措，乱蹦乱跳，蹬足嘶叫，导致食欲不振甚至死亡等。

（6）灰尘　空气中的灰尘主要有风吹起的干燥尘土和饲养管理工作中产生的大量灰尘，如打扫地面、翻动垫草、分发干草和饲料等。灰尘对兔子的健康和兔毛品质有着直接影响。灰尘降落到兔体体表，可与皮脂腺分泌物、兔毛、皮屑等粘混一起而妨碍皮肤的正常代谢，影响兔毛品质；灰尘吸入体内还可引起呼吸道疾病，如肺炎、支气管炎等；灰尘还可吸附空气中的水气、有毒气体和有害微生物，产生各种过敏反应，甚至感染多种传染性疾病。

（7）绿化　绿化具有明显的调温调湿、净化空气、防风防沙和美化环境等重要作用。特别是阔叶树，夏天能遮荫，冬天可挡风，具有改善兔舍小气候的重要作用。根据生产实践，绿化工作搞得好的兔场，夏季可降温 3~5℃，相对湿度可提高 20%~30%。种植草地可使空气中的灰尘含量减少 5% 左右。

10. 如何进行兔舍的环境控制？

（1）绿化环境　兔场的绿化，不但可以美化环境，还可以减少污染和噪声。

① 改善场内小气候。绿化可以缓和严冬时的温差，夏季树木可以遮挡并吸收阳光辐射，降低兔场气温；可增加小环境空气湿度；可降低风速，减少寒风对兔生产的影响。

② 净化空气。兔场排出的二氧化碳比较集中，树木和绿草可吸收大量的二氧化碳，同时释放出大量的氧气。植物尚能吸收大气中的二氧化硫、氟化氢等有害气体。据调查，有害气体经绿化地区后至少有 25% 被阻留净化。

③ 较少微粒。绿化林带能净化、澄清大气中的粉尘。在夏季，空气穿过林带时，微粒量下降35.2%~66.5%，微生物减少21.7%~79.3%。草地可吸附空气中的微粒，固定地面上的尘土，减少扬尘。

④ 减少噪声。树木及植被对噪声具有吸收和反射作用，可以减弱其强度。树叶的密度越大，减音的效果也越显著，因此兔场周边栽种树冠大的乔木，可减弱噪声对周围居民及兔的影响。

⑤ 减少空气及水中细菌含量。森林可使空气中的微粒量大为减少，因而使细菌失去了附着物，树木也相应减少；同时，某些树木的花、叶能分泌芳香物质，可以杀死细菌、真菌等。

⑥ 防疫、防火作用。兔场外围的防护林带和各区域之间种植隔离林带，都可以防止人、畜任意来往，减少疫病传播的机会。由于树木枝叶含有大量的水分，并有很好的防风隔离作用，可以防止火灾蔓延。

（2）控制和消除空气中的有害物质　大环境和小气候的空气污染给兔场生产带来不良影响。空气中的有害物质大体分为有害气体、有害微粒和有害微生物三大类。

① 有害气体。兔舍中的有害气体主要有氨气、硫化氢、一氧化碳、二氧化碳等。控制和消除舍内有害气体必须采取综合措施，即做好兔舍卫生管理，兔舍内合理的除粪装置和排水系统，可及时清除粪尿污水，兔舍防潮和保暖，合理通风。

② 微粒。兔舍空气中经常漂浮着固态和液态的微粒，微粒分为尘、烟、雾3类。微粒对畜禽的危害主要表现在：微粒落于体表，与皮脂腺分泌物、细毛、微生物等粘结在皮肤上，引起皮肤炎症，还能堵塞皮脂腺的出口，汗腺分泌受阻，散热功能降低；大量的微粒对兔呼吸道黏膜产生刺激作用，如微粒中携带病原微生物，可使兔感染。兔场内、外绿化可有效减少空气中微粒；禁止干扫兔场，及时通风换气，排除舍内的微粒。

③ 微生物。兔舍内空气中的微生物大体可分为三大类：第一类是舍外空气中常见的微生物，如芽孢杆菌属、无色杆菌属、细球菌属、酵母菌属、真菌属等，其在扩散过程中逐渐被稀释，致病力减

弱；第二类是病原微生物，随着呼吸进入兔机体，引起各种疾病；第三类是空气变应源污染物，是一种能激发变态反应的抗原性物质，常见的有饲料粉末、花粉、皮垢、毛屑、各种真菌孢子等，严格的消毒制度是控制和消除空气中微生物的有力措施，平时要保证兔舍通风换气、清洁卫生，及时清除粪尿和垫草，并进行消毒处理。

（3）防止噪声　噪声会使兔受到惊吓，引起外伤；长时间的噪声会使家兔体质下降，影响生长发育，甚至死亡。为减少噪声，建场时尽量远离噪声源，场内规划要合理，使汽车、拖拉机等不能靠近兔舍；选择性能稳定、噪声小的机械设备；种树种草降低噪声。

（4）加强环境卫生的监测　监测环境卫生是为了查明污染状况，以便采取有效的改善措施。

① 空气环境监测。主要包括温度、湿度、气流方向及速度、通风换气量、照度等。同时，还必须监测空气中的氨气、硫化氢、二氧化碳等的含量。必要时可监测噪声、灰尘等。

② 水质监测。水质监测内容应根据供水水源性质而定，自来水和地下水化学检测指标有：pH、总硬度、溶解性总固体、氯化物、硫酸盐；细菌学指标：总大肠菌群；毒理学指标有：氟化物、氰化物、总汞、总砷、铅、六价铬、镉、硝酸盐。

③ 土壤监测。土壤可容纳大量污染物。土壤监测项目有硫化物、氟化物、酚、氰化物、汞、砷、六价铬、氮化物、农药等。

11. 如何制定合理的防疫隔离制度?

（1）兔场生物安全隔离措施　在修建兔场时，就要考虑好把兔场置于一个相对安全的环境中。

① 场址选择。应远离其他兔场、交通要道和居民居住区，地势高燥，便于排水，水源充足，并建在上风区。特别要远离屠宰场、肉类加工厂、皮毛加工厂、活畜交易市场等污染可能性大的地方。

② 建立隔离带。兔场应建围墙，有条件的在场周围要设防疫沟和防疫隔离带，兔舍间相隔一定距离；在兔舍与兔舍之间，道路两旁种植植物，可以建立起植物安全屏障，对阻断病原微生物、净化空气和防暑降温都有一定作用。

③　合理布局。生产、管理和生活区应严格分开，在管理区和生产区之间要设置消毒通道。运送饲料道路与粪尿污物运送道要分开。饲料加工间应建在全场上风向，粪尿池、堆粪处和毁尸坑要建在生产区外，处于下风向。粪尿沟尽量走向舍外，粪尿集中处理。

（2）引种隔离　对新引进兔群要进行至少2周以上的隔离观察，隔离观察期间应每天注意查看兔精神、食欲等状况，发现有病的兔应立即从兔群中挑出，隔离。经2周以上隔离观察的健康兔进行必要免疫后，方可进入生产区。隔离场的工作人员仅在隔离场工作，不能进入正常生产区与其他兔接触。

（3）病兔的隔离　隔离病兔是防止传染病发生后继续扩散的重要措施之一。通过隔离病兔能很好地控制传染源，缩小疫情发生范围。发现病兔后，若数量较少，可将病兔转入隔离舍，且专人饲养，严加护理和观察、治疗。同时对粪污、所用用具以及可能接触过的物品进行彻底消毒。如果场内只有少数几只家兔患病，为了迅速扑灭疫病，可以采取扑杀病兔的方式。如果病兔数量多，就将病兔集中隔离在原来的兔舍内，进行严格的消毒，专人饲养和治疗。

12. 什么叫免疫和免疫程序？

免疫是动物体的一种生理功能，动物体依靠这种功能识别"自己"和"非己"成分，从而破坏和排斥进入机体的抗原物质，或动物体本身所产生的损伤细胞等，以保持动物体的健康。免疫是当前防控动物疫病的有效手段，是避免和减少动物疫情发生的关键。

免疫程序是指养殖户根据当地疫情、家兔体质状况（主要是指母源或后天获得的抗体消长情况）以及现有疫（菌）苗的性能等实际情况，为使家兔机体获得稳定的免疫力，选用适当的疫苗，安排在适当的时间给家兔进行免疫接种的预防接种计划。即依据疫病在本地区流行情况及规律，用途、年龄、母源抗体水平和饲养条件，使用疫苗的种类、性质、免疫途径。

一个地区、一个养殖场户可能会发生多种兔病，而可以用来预防这些疫病的疫苗性质又不尽相同，免疫期长短不一，因此需要根据各种疫苗的免疫特性合理地制定免疫接种的剂量、接种时间、接种次数和间隔时间。

没有一个一成不变、放之四海而皆准的通用免疫程序。免疫程序是动态的，随着季节、气候、疫病流行情况、生产过程的变化而改变。虽然可以参照他人的成功经验，但不能生搬硬套、照搬照抄。因此，在制定一个免疫程序时，必须根据本场兔子疫病的实际发生情况，考虑兔场所在地区的疫病流行特点，结合兔群的种类、年龄、饲养管理、母源抗体的干扰以及疫苗的性质、类型和免疫途径等各方面因素和免疫监测结果，制定适合本场的免疫程序。

13. 制定免疫程序时应考虑哪些因素？

制定免疫程序时应考虑如下 8 个方面的因素。

（1）免疫的目的　不同用途、不同代次的家兔，其免疫要达到的目的是不同的，所选用的疫苗及免疫次数也不尽相同。

（2）疫病流行情况及严重程度　家兔疫病的种类多、流行快、分布广，养殖场户在制定免疫程序时，首先应考虑当地家兔流行情况和严重程度，以及该兔场已发生过什么病、发病日龄、发病频率及发病批次，依此确定疫苗的种类和免疫时机。一般情况下，常发病、多发病而且有疫苗可以预防的疾病，应该重点进行免疫，而本地区、本场从未发生过的疫病或尚未证实发生的新流行疾病，即使有疫苗，也应该慎重免疫，必须证明确实已受到严重威胁时才进行免疫接种。

（3）母源抗体的干扰　家兔体内存在的抗体根据来源可分为两大类：一类是先天所得，即通过种兔免疫传递给后代的母源抗体；另一类是通过后天免疫产生的抗体。

母源抗体的被动免疫对新生仔兔来说十分重要，然而也会给疫苗的接种带来一定的影响。免疫程序的关键是排除母源抗体干扰，确定合适的首免日龄。最好选定在仔兔持有的母源抗体不会影响疫苗的免疫效果而又能防御病毒感染的期间，即母源抗体为 1∶（8~64）时。如在母源抗体效价尚高时接种疫苗，即会被母源抗体中和掉部分弱毒，阻碍疫苗弱毒的复制，仔兔就不能产生坚强的主动免疫力。因此，当母源抗体水平高且均匀时，应推迟首免时间；当母源抗体水平低时，应提前首免时间；当母源抗体水平不均匀时，需要通过加大免疫剂量使所有家兔均获得良好的免疫应答。

家兔体内的抗体水平与免疫效果有直接关系，一般免疫应选在抗体水平到达临界线时进行。但是抗体水平一般难以估计，有条件的场户可以通过监测确定抗体水平；不具备条件的，可通过疫苗的使用情况及该疫苗产生抗体的规律去估算抗体水平。

（4）疫苗的种类、特性和免疫期　疫苗一般分弱毒活苗、灭活苗或单价苗、多价苗、联苗等。各种疫苗的免疫期以及产生免疫力的时间不同，设计免疫程序时应考虑各种疫苗间的配合或相互干扰，采用合理的免疫途径及疫苗类型来刺激机体产生免疫力。一般情况下，应首选毒力弱的疫苗作基础免疫，然后用毒力稍强的疫苗加强免疫。

当然，在进行加强免疫时要考虑并确定间隔时间。有人认为免疫次数越多、间隔时间越短越好，但是如果引起免疫耐受，反而达不到效果，因此同类疫苗重复免疫，最短时间不能少于14天。

（5）免疫方法　设计免疫程序时应考虑疫苗的免疫方法，正规疫苗生产厂家提供的产品都附有使用说明，免疫应根据使用说明进行。一般活苗采用饮水、喷雾、滴鼻、点眼、注射免疫，灭活苗则需要肌内注射或皮下注射。合理的免疫途径可以刺激机体尽快产生免疫力，而不适宜的免疫途径则可能会导致免疫失败，如油乳剂灭活苗不能进行饮水、喷雾免疫，否则易造成严重呼吸道或消化道障碍。同一种疫苗用不同的免疫途径所获得的免疫效果也不一样。

（6）家兔的生长阶段　家兔在不同生长阶段进行不同疫苗的免疫接种，包括所使用的疫苗种类、疫苗接种量以及疫苗免疫方法等都有所不同。

（7）季节因素　有些疫病的发病具有一定的季节性和阶段性，制定免疫程序时，应根据这些疫病的发病季节特点，既要避免疫苗浪费和减少人工，又要达到较好的免疫效果。

（8）免疫效果　一个免疫程序在应用一段时间后，免疫效果可能会变得不理想，要根据免疫抗体的监测情况和生产成绩适当进行调整，使免疫更科学、更合理。养殖场户每半年要进行一次免疫抗体的检测，以便评估免疫效果，并合理调整免疫程序。一般超过70%以上的家兔抗体水平是合格的，也说明这种疫苗具有理想的保护力。

14. 各种兔或不同生理阶段兔的参考免疫程序。

（1）仔兔和幼兔免疫程序　参考表4-2。

表4-2　仔兔和幼兔参考免疫程序

日期	疫苗种类	剂量（毫升/只）	注射部位
25~28日龄	大肠杆菌病多价疫苗	2	皮下注射
30~35日龄	巴波二联疫苗	2	皮下注射
40~45日龄	兔病毒性出血症（兔瘟）灭活疫苗	2	皮下注射
50~55日龄	魏氏梭菌病灭活疫苗	2	皮下注射
60~65日龄	兔瘟灭活疫苗	1	皮下注射

（2）中成兔免疫程序　参考表4-3。

表4-3　中成兔参考免疫程序

日期	疫苗种类	剂量（毫升/只）	注射部位
3月10日和9月10日	兔瘟灭活疫苗	2	皮下注射
1、4、7、10月	巴波二联疫苗	2	皮下注射
3月25日和9月25日	伊维菌素	按体重	皮下注射
4月10日和10月10日	大肠杆菌病多价疫苗	2	皮下注射
2月10日和9月10日	兔葡萄球菌病灭活疫苗	2	皮下注射
2月20日和9月20日	兔魏氏梭菌病灭活疫苗	2	皮下注射

（3）商品家兔（90日龄以下出栏）免疫程序　参考表4-4。

表4-4　90日龄以下出栏商品家兔参考免疫程序

免疫日龄	疫苗名称	剂量（毫升/只）	免疫途径
35~40日龄	兔瘟-多杀性巴氏杆菌病二联灭活疫苗或兔瘟灭活疫苗	2	皮下注射

（4）商品家兔（90 日龄以上出栏）免疫程序　参考表 4-5。

表 4-5　90 日龄以上出栏商品家兔参考免疫程序

免疫日龄	疫苗名称	剂量 （毫升／只）	免疫途径
35~40 日龄	兔瘟 - 多杀性巴氏杆菌病二联灭活疫苗	2	皮下注射
60~65 日龄	兔瘟 - 多杀性巴氏杆菌病二联灭活疫苗或兔瘟灭活疫苗	1	皮下注射

（5）繁殖母兔种公兔（每年 2 次定期免疫，间隔 6 个月）免疫程序　参考表 4-6。

表 4-6　繁殖母兔、种公兔参考免疫程序

定期免疫	免疫病种	疫苗种类	免疫剂量 （毫升／只）	免疫途径
第 1 次	兔瘟	兔瘟灭活苗	1	皮下注射
	兔瘟、多杀性巴氏杆菌	兔瘟 - 多杀性巴氏杆菌病二联灭活疫苗	2	皮下注射
	兔瘟、多杀性巴氏杆菌、产气荚膜梭菌病（魏氏梭菌病）	兔瘟 - 多杀性巴氏杆菌病 - 产气荚膜梭菌病（魏氏梭菌病）三联灭活疫苗	2	皮下注射
	家兔产气荚膜梭菌病（魏氏梭菌病）	家兔产气荚膜梭菌病（魏氏梭菌病）A 型灭活疫苗	2	皮下注射
间隔 6 个月 第 2 次	兔瘟	兔瘟灭活苗	1	皮下注射
	兔瘟、多杀性巴氏杆菌病	兔瘟 - 多杀性巴氏杆菌病二联灭活疫苗	2	皮下注射
	兔瘟、多杀性巴氏杆菌病、产气荚膜梭菌病（魏氏梭菌病）	兔瘟 - 多杀性巴氏杆菌病 - 产气荚膜梭菌病（魏氏梭菌病）三联灭活疫苗	2	皮下注射

（续表）

定期免疫	免疫病种	疫苗种类	免疫剂量（毫升/只）	免疫途径
	产气荚膜梭菌病（魏氏梭菌病）	产气荚膜梭菌病（魏氏梭菌病）A型灭活疫苗	2	皮下注射

注：定期免疫时，各种疫苗注射间隔5~7天

（6）种公兔（每年2次定期免疫，间隔6个月）免疫程序　参考表4-7。

表4-7　种公兔参考免疫程序

定期免疫	免疫病种	疫苗名称	剂量（毫升/只）	免疫途径
第1次	兔病毒性出血症、多杀性巴氏杆菌病	兔病毒性出血症-多杀性巴氏杆菌病二联灭活疫苗	1	皮下注射
	产气荚膜梭菌病（魏氏梭菌病）	家兔产气荚膜梭菌病（魏氏梭菌病）A型灭活疫苗	2	皮下注射
第2次	兔瘟、多杀性巴氏杆菌病	兔瘟-多杀性巴氏杆菌病二联灭活疫苗	1	皮下注射
	产气荚膜梭菌病（魏氏梭菌病）	家兔产气荚膜梭菌病（魏氏梭菌病）A型灭活疫苗	2	皮下注射

注：定期免疫时，各种疫苗注射间隔5~7天

（7）家兔（不分类）免疫程序　参考表4-8。

表 4-8 家兔（不分类）参考免疫程序

免疫日龄	免疫病种	疫苗种类	免疫方法	免疫剂量（毫升/只）	备注
20~25	大肠杆菌病	多价灭活苗	皮下注射	2	可断奶后加强免疫2毫升
30~35	多杀性巴氏杆菌病、波氏杆菌病	二联灭活苗	皮下注射	2	
40~45	兔瘟首次免疫	灭活苗	皮下注射	1	之后每年春秋两季各免疫1次
60	兔瘟二免	灭活苗	皮下注射	2	
50~55	产气荚膜梭菌病	（A）型灭活苗	皮下注射	2	
断奶后和每年春秋	产气荚膜梭菌病	（A）型灭活苗	皮下注射	2	常发兔场每年2次
母兔配种前	乳房炎	灭活苗	皮下注射	3	常发兔场每年2~3次

15. 家兔常用疫苗有哪些？如何应用？

兔的疫苗可分为单苗和联苗。兔常用的单苗有兔瘟灭活疫苗、巴氏杆菌灭活菌疫苗、波氏杆菌灭活菌疫苗、魏氏梭菌（A型）氢氧化铝灭活菌疫苗、伪结核灭活菌疫苗、大肠杆菌多价灭活菌疫苗和沙门氏杆菌病灭活菌疫苗等。兔常用的二联疫苗有兔瘟－魏氏梭菌病二联疫苗、巴氏杆菌病－魏氏梭菌病二联疫苗、兔瘟－巴氏杆菌病二联疫苗等。兔常用的三联疫苗有兔瘟－巴氏杆菌病－魏氏梭菌病三联疫苗和兔瘟－大肠杆菌病－魏氏梭菌病三联疫苗等。

兔常用疫苗及使用方法见表4-9。

表4-9　兔常用疫苗

名称	免疫期	保存	建议用法
兔瘟灭活疫苗（氢氧化铝甲醛苗）	6个月	2~8℃阴凉处一年	35~40日龄初兔2毫升（联苗2毫升）；后隔6个月接种1次
兔瘟蜂胶灭活疫苗	6个月	2~8℃阴凉处一年	35~40日龄初兔1毫升，60~70日龄加强免疫1毫升（联苗2毫升）；后6个月1次
兔多杀性巴氏杆菌灭活苗	4~6个月	2~15℃阴凉处一年	断奶后1周皮下注射1毫升，4~6个月1次（可用巴波二联苗）
兔瘟-巴氏杆菌病二联灭活疫苗	6个月	2~15℃阴凉处一年	皮下注射1~2毫升，每6个月1次
兔魏氏梭菌病A型灭活疫苗	同上	2~8℃阴暗处一年	幼兔60日龄皮下注射2毫升，每6个月免疫1次，可用单苗或兔瘟-巴氏杆菌病-魏氏梭菌病三联苗
兔大肠杆菌病多价灭活疫苗	同上	同上	断奶前1周皮下注射2毫升，每6个月免疫1次，可用单苗或兔瘟-巴氏杆菌病-魏氏梭菌病三联苗
兔克雷伯氏菌下痢病灭活疫苗	同上	2~15℃阴凉处一年	幼兔断奶时皮下注射2毫升
兔葡萄球菌病灭活疫苗	同上	同上	预防本病菌引起的母兔乳房炎、仔兔黄尿病、脚皮炎等母兔于配种前后皮下注射2毫升，每6个月免疫1次
兔波氏杆菌病灭活疫苗	同上	同上	幼兔52日龄皮下注射2毫升，每6个月免疫1次，可用单苗或巴波二联苗
兔巴氏杆菌病-波氏杆菌病二联灭活疫苗	同上	同上	皮下注射2毫升，每6个月免疫1次
兔瘟-巴氏杆菌病-魏氏梭菌病三联灭活苗	同上	2~8℃阴暗处一年	皮下注射2毫升，每6个月免疫1次

16．兔用疫苗应如何保存？

（1）贮藏温度　目前市场上销售的兔用疫苗都是灭活疫苗。灭活疫苗长期保存必须放在冷藏箱内，温度在2~8℃。温度过高容易使疫苗的免疫效力下降，保存时间变短。灭活疫苗结冰同样也会使疫苗的免疫效力下降，有时比短期内的高温更严重。原因是结冰后疫苗中佐剂的作用被破坏。短期内的高温对于灭活疫苗来说不是很严重，因为灭活疫苗中的抗原已死，免疫效力下降的速度较慢，主要是抗原自然降解。而活疫苗的抗原是活的，一旦活的抗原死掉一部分，抗原量不足的话，就不能保证疫苗的免疫效力。

（2）用药及消毒　灭活疫苗的抗原是死的，使用疫苗期间用药及消毒不会影响免疫效果。但使用活疫苗时，用药及消毒会杀死活疫苗中的细菌或病毒，使活疫苗的免疫效果降低或丧失。但在注射疫苗期间，不得使用对免疫有抑制作用的药物，如肾上腺皮质激素等。

（3）有效期　有人认为疫苗越新鲜越好，看起来是对的，实际上正规厂家按国家标准生产的疫苗，在保质期内都是有效的，但必须在适当的温度下保存。一般疫苗生产后有一个质量检验的过程，大概需要1个月的时间，有时候需要2个多月。倘若用户买到的疫苗离生产日期仅有10~15天，那么该疫苗就没有经过检验，质量不能保证，有时会产生严重的后果。在生产实践中，灭活疫苗只要保存得当，物理性状良好，即使有效期已到（1个月以内），使用也是有效的。如不放心，可以适当增加用量。

17．家兔免疫接种应注意哪些问题？接种后如何观察？

（1）免疫接种的注意事项　免疫接种是预防各种动物疫病所采取的综合性防控措施中十分关键的环节，定期搞好预防接种是控制传染病流行的重要措施，必须遵守免疫程序，认真做好各类疾病的预防接种工作。而对于慢性消耗性及外科疾病等没有疫苗可预防，主要采取淘汰病兔、净化兔群措施。

在免疫接种工作中，由于用法、用量或选择疫苗的种类不合适，往往出现一些失误，造成免疫效果差甚至无效。免疫接种时应注意以下几个问题。

① 免疫时间的确定。首次免疫时间要根据母源抗体的高低及养兔场户场地的污染情况、家兔本身的健康状况（注意疫病隐性带毒或非典型发病的情况）、疫苗的品种、免疫持续时间等而定。

② 注意家兔的健康状况。为了保证家兔的安全和接种效果，疫苗接种前，应了解家兔近期饮食、排泄等健康状况，必要时可对个别家兔进行体温测量和临床检查。只有健康家兔才能接种；凡是精神、食欲、体温不正常的、有病的、体质瘦弱的、幼小的、年老体弱的等有免疫接种禁忌征的家兔，均不予接种或暂缓接种。孕前期、孕后期的家兔，不宜接种或暂缓接种。

应了解当地有无疫病流行，若发现疫情，首先应安排对疾病进行紧急防疫，如无特殊疫病流行则按原计划进行定期预防接种。

③ 选择适宜的疫苗。疫苗质量直接关系到免疫接种的效果，对疫苗的采购要做好统一计划和安排，根据生产情况，要做到疫苗提前到位，并按疫苗的保存要求贮放。要避免在酷暑和寒冬购买疫苗。在选择疫苗时，一定要选择经过政府招标采购的疫苗或通过《药品生产质量管理规范》（GMP）认证的厂家生产的、有批准文号的疫苗，不要在一些非法经营单位购买，以免买进伪劣产品。

④ 注意无菌操作。

器械消毒：免疫注射过程应严格消毒，注射器应洗净、煮沸，针头应勤更换，更不得一把注射器混用多种疫苗。吸取疫苗时，针头应勤更换，决不能用已给家兔注射过的针头吸取，可用一灭菌针头，插在瓶塞上不拔出、裹以挤干的75%酒精棉球专供吸附用，吸出的疫苗液不能再回注瓶内。吸取疫苗前，先除去封口的胶蜡，并用75%酒精棉球擦净消毒。

注射部位消毒：注射部位用2%碘酊或75%酒精消毒，消毒时应逆毛消毒。

更换针头：一兔一针头是理想的免疫操作状态，可有效地避免交叉污染，特别是紧急免疫或场内家兔有隐性感染疫病的情况时，至关重要。但家兔个体小，一兔一针头操作起来比较繁琐，实际生产中很难全面推行。所以，要掌握同一养兔场的家兔，根据实际情况勤换针头的原则就可以了。

⑤ 接种前后慎用药物 。在免疫接种前后1周，不要用抑制免疫应答的药物；对于弱毒菌苗，在免疫前后1周不要使用抗菌药物；口服疫苗前后2小时禁止饲喂酒糟、抗生素渣（如林可霉素渣、土霉素渣等）、发酵饲料，以免影响免疫效果。但必要时在允许的情况下，可使用水溶性多维、电解维他、维生素C以防止应激反应，一般免疫前后各使用2~3天。在进行灭活疫苗或病毒病的弱毒疫苗注射免疫时，也可考虑在饮水中添加预防性的抗菌药物。

⑥ 做好免疫接种记录。养兔场户或免疫接种操作人员必须严格按照要求，做好免疫接种记录，建立免疫档案。免疫档案作为养殖档案的重要组成部分，每个群体都要采用专页记录，记录的内容有：养兔场户名称、地址、联系电话，基本免疫程序（以上可以为扉页），家兔日龄、数量、免疫病种、疫苗名称、疫苗的来源、生产厂家、批次、接种时间、接种剂量、接种操作人签名、在备注栏说明家兔的健康状况等，同时记录免疫不良反应情况、添加多维或使用抗菌药物等情况。

（2）疫苗接种后的观察　疫苗免疫接种后，要加强饲养管理，减少应激，密切注意兔群反应。特别应注意观察接种部位，如出现化脓，一定要立即把表面的结痂去掉，清除伤口处的脓汁，涂上碘酊或者紫药水。然后打针消炎，可以打头孢曲松钠或林可霉素。对反应严重的或发生过敏反应的，可注射肾上腺素抢救。注意家兔的应激反应，遇到不可避免的应激时，可在饮水中加入抗应激剂，如水溶性多维、维生素C等，能有效缓解和降低各种应激反应，增强免疫效果。防疫员应在注射疫苗后1周内逐日观察家兔的精神状况、食欲和饮水、大小便、体温等的变化，发现问题，及时处理。

18. 怎样给家兔驱虫?

（1）药物驱虫　家兔寄生虫病较多，要有效预防寄生虫病，必须采取综合防制措施，贯彻预防为主的方针，正确使用驱虫药物。

① 正确选用驱虫药物。选用驱虫范围广、疗效高、毒性低的驱虫药物，同时考虑经济价值。寄生虫多为混合感染，应适当配合使用

驱虫药物。

②用药剂量要准确。驱虫药物的使用剂量一定要准确，既要防止剂量过大造成家兔药物中毒，又要达到驱虫效果。一般第一次使用驱虫药物后 7~14 天再进行第二次重复驱虫。

③严格把握驱虫时间。实践证明，家兔空腹投药效果好，可在清晨饲喂前投药或投药前停饲一顿。

④先做小群试验。进行大群驱虫和使用新药物驱虫时，先进行小群试验，注意观察家兔的反应和药效，确定家兔安全后，再全群使用。避免由于驱虫药剂量过大、用药时间过长而引起家兔中毒，甚至引起死亡。

⑤阻断传播途径。驱虫的同时，将粪便集中收集发酵处理，防止病原扩散；消灭寄生虫的传播媒介和中间宿主；加强饲养管理，消除各种致病因素。

（2）常用驱虫药物　常用驱虫药物主要有抗球虫药、抗螨虫药。

①抗球虫药。常用的有氯苯胍、盐霉素、莫能菌素、球痢灵等。

氯苯胍：主治家兔球虫药，预防家兔球虫病，每千克饲料中可加150 毫克，如治疗则需加 300 毫克。

盐霉素：主治球虫病。预防家兔球虫病，每千克饲料中添加盐霉素 25 毫克，治疗则加 50 毫克。

球痢灵（二硝苯甲酰胺）：主治球虫病。预防量为每千克饲料中添加 125 毫克，治疗量为每千克饲料中添加 250 毫克。

②抗螨虫药。

敌百虫：配成 5% 溶液局部涂擦，1%~3% 溶液可用于药浴。

溴氰菊酯：对兔螨虫有很强的驱杀作用。用棉籽油稀释 1 000 倍液涂擦患部。

氰戊菊酯：对兔螨虫有良好的杀灭作用。用水稀释 2 000 倍液涂擦患部。

阿维菌素（阿福丁）：防止兔螨病效果很好。每千克体重用 0.3克口服，可预防半年。

伊维菌素：新型的广谱、高效、低毒抗生素抗寄生虫药，对家兔体内外各种寄生虫有良好驱杀作用。主要用于预防和治疗兔体内外寄生虫。如疥螨、耳螨、绦虫、囊尾蚴、各类线虫、蛔虫、蜱、钩虫等。本品为长效性药物，对体内外寄生虫有特效。皮下或肌内注射，一次量0.2毫克／千克体重。一次使用可以预防2个月以上，一般半年到一年使用一次。使用粉剂拌料时，按照药品成分说明使用；一般不建议使用饮水用药。

19. 兔场杀虫有哪些方法？

昆虫类节肢动物（如蚊、蝇、蜱等）是家兔许多疫病的传播媒介，同时这些虫类的叮咬还会对家兔的生产性能产生不利影响。因此，建立完备的杀虫制度对家兔安全生产具有重要意义。生产中常用的杀虫方法如下。

（1）生物杀虫法　生物杀虫通常采用以兔场常见昆虫的天敌进行杀虫，或使用激素来影响昆虫的生殖，或利用病原微生物感染昆虫使其死亡。目前，在家兔生产中，一般在昆虫繁殖季节采用排除兔场中生活、生产污水，及时清理粪便垃圾等改造养殖生产环境的方式来进行杀虫。

（2）物理杀虫法　利用高温（通常采用火焰）杀灭兔舍墙壁、用具、粪污堆积区等聚居的昆虫或虫卵。还可在兔舍内安装杀虫灯进行灯光杀虫。

（3）药物杀虫法　用于兔场杀虫的药物有很多，如有机磷杀虫剂、菊酯类杀虫剂、昆虫生长调节剂、驱避剂等。其中有机磷杀虫剂虽然杀虫效果好，但易造成家兔中毒，通常选用广谱、高效、对家兔无毒或毒性小的菊酯类杀虫剂、昆虫生长调节剂通过喷洒在环境中来杀灭昆虫。

家兔安全生产中，单依靠一种杀虫方法是难以达到有效杀灭昆虫效果，通常都将物理杀虫、生物杀虫和药物杀虫3种方法相结合一起使用。

20. 兔场怎样灭鼠？

鼠类动物是家兔一些传染病病原的携带者和传播者，因此，消灭鼠类极为重要。一般来说，兔场的灭鼠工作应从如下两个方面进行。

首先，根据鼠类的生物学特点进行防鼠、灭鼠，从兔舍建筑和卫生环境方面着手，预防鼠类的滋生和活动。具体做法为：保持兔舍及周边环境干净，每天清扫兔舍饲料残渣，贮存饲料的地方应密闭、坚固、无洞，使老鼠无食物来源，可大大减少兔场老鼠的数量。

再者，利用不同方式进行灭鼠，主要采用老鼠夹、鼠笼等进行灭鼠。也可采用药物进行灭鼠，如磷化锌、敌鼠等。药物灭鼠时要特别注意防止兔群误食而引起中毒。

21. 粪污对生态环境可造成哪些污染？

近年来，我国兔产业进入快速发展期，逐渐成为农业经济增长、农民增收的特色产业。兔生产方式也发生了根本性改变，逐渐以规模化、集约化的养殖方式取代了传统的散养方式。规模化兔生产饲养总量大、同时产生大量粪便和污水；由于国内多数兔场对粪污的处理缺少综合利用途径，缺乏相应的粪污处理配套设施或粪污处理设施运行成本过高难以持续运行，导致粪污污染成为三大环境污染源之一，对生态环境造成巨大威胁。兔场大量产生的粪污主要造成以下几个方面的污染。

（1）空气污染　兔场粪污对空气的污染主要是排放大量恶臭、有毒有害气体等。兔粪尿中含有大量的有机物，其中兔未消化吸收的含氮物质随粪便排出，被微生物分解产生大量的氨气和硫化氢等刺激性恶臭气体；如果不能及时处理，则会进一步发酵产生甲基硫醇、甲硫醚、二甲胺等多种低级脂肪酸类恶臭气体。此类刺激性、有毒有害气体造成空气质量严重下降，危害人畜健康。

（2）水体污染　兔场粪污中含有大量氮、磷、病原微生物、重金属等污染物。未经处理的粪污进入河流、湖泊等自然水体后，会使水体中固体悬浮物、有机物和微生物含量增加，污染地表水。且粪污中的氮、磷等被藻类及浮游微生物等利用，引起藻类和浮游微生物等大量繁殖，使水体中生物群落发生改变；粪污中有机物的生物降解和藻类、浮游微生物的繁殖会大量消耗水体中氧，使水质恶化、鱼类及其他水生生物死亡，导致水体富营养化。粪污甚至还可能渗入地下，造成更为严重的地下水污染。

（3）土壤污染 未经处理的粪污进入土壤后，粪污中的有机物被微生物分解，其中含氮、含磷有机物可被微生物分解为硝酸盐和磷酸盐等，这些降解产物大部分能被植物利用，从而使土壤得到自然净化。如果粪污排量超过土壤的消纳自净能力，将导致粪污的不完全降解和厌氧腐解，产生亚硝酸盐等有害物质；并造成土壤板结、土壤孔隙堵塞，土壤透气、透水力下降，破坏土壤结构和功能。畜禽排泄物中残留有一定量的重金属元素等物质，这些污染物进入土壤后，在土壤中富积，造成土壤污染，同时还可能被植物吸收后，通过食物链危害人类健康。

（4）生物污染 兔场粪污中含有大量致病微生物和寄生虫卵，有的是畜禽传染病、寄生虫病和人畜共患病的传染源。根据世界卫生组织和联合国粮农组织的相关资料报道，目前已有200多种人畜共患病，这些人畜共患传染病的传播载体主要是畜禽排泄物，兔场粪污对其他畜禽健康和公共健康安全也会造成巨大危害。

22. 解决粪污的主要途径有哪些?

我国兔养殖面广，粪污产量大，处理及利用难度高。根据我国的基本国情，粪污处理以综合利用优先，资源化、无害化、减量化为原则，发展生态农业。目前粪污的综合利用主要有以下几种途径。

（1）发展农牧结合的农业循环经济 兔粪尿中含有大量的氮、磷、钾成分，经过堆肥处理后，可作为优质高效的有机肥，通过堆肥和沼气技术可将兔粪尿变废为宝。我国是农业大国，农业生产中需要大量的肥料。据报道，我国化肥消耗量居世界第一位，大量使用化肥后会造成土壤有机质减少和板结；同时化肥的利用率较低，不能被利用的化肥对土壤、水源和大气会造成污染。将畜牧业和种植业进行有机结合，粪污经处理后为种植业提供有机肥料，形成农牧业相结合的农业循环经济模式，既可以避免环境污染，又可以充分利用资源，提高环境、生态与经济效益，是解决兔养殖粪污的重要途径。

（2）用作饲料 兔粪便中含有大量未消化吸收的蛋白质、淀粉、维生素等营养物质。通过发酵、清除杂质以及灭菌处理后，可代替部分畜禽饲料，或用于饲养蚯蚓、蝇蛆生产动物蛋白饲料。但该途径容易造成传染性疾病的流行，且对粪污的处理量极为有限，推广价值不高。

（3）提高饲料消化率，减少粪便排放量 通过科学的饲料配方设计，提高兔对饲料的消化利用率，以减少粪便中养分浓度的排放量。兔对饲料的消化吸收效率越高，则排泄物中营养成分就越低，同时粪便排放量就越少，对环境的污染也就越小。

23. 病死兔如何进行无害化处理？

病死兔的无害化处理严格按照《病害动物和病害动物产品生物安全处理规程》（GB 16548—2006）的要求进行，通常采用以下两种方案。

（1）深埋方案 处理病死兔常用的方法是深埋。深埋地应远离居民住宅区、公共场所、饮用水源地、河流等地区，深埋前应对病死兔进行无害化处理。在深埋地坑表面铺 2~4 厘米厚的生石灰，掩埋后需将上层土夯实；被埋病死兔上层距地表不少于 1.5 米；深埋后地表用消毒药喷洒消毒，消毒液可采用 0.4% 的高锰酸钾液或 2% 的烧碱液等。

（2）焚烧方案 将病死兔投入焚化炉或用直接挖坑烧毁碳化，焚烧处理应在指定地点进行。规模化兔场一般要配备专用焚化设施。在养殖业集中区，可联合兴建焚化处理厂，由专门的运输车辆负责运送病死兔到焚化厂，集中处理。

但近年来，许多地区制定了防止大气污染的条例或法规，限制焚烧炉的使用。

第五章 家兔常见病的防治

1. 兔瘟有什么流行特点？

兔瘟即兔病毒性出血症，是由兔病毒性出血症病毒（RHDV）引起的一种急性、烈性和高度接触性传染病以呼吸系统充血、出血，肝、肾、脾以及消化道发生出血为主要症状。1989 年 OIE 将该病正式列为 B 类传染病，我国将其列为二类传染病。本病的发病死亡率极高，对养兔生产危害极大。

该病自然感染条件下，只导致兔发病。病兔、病死兔、隐性感染带毒兔、带毒野兔以及其内脏器官、附属物、排泄物等是本病的传染源。兔病毒性出血性病毒可通过粪尿、皮肤、呼吸和生殖道排出体外，主要通过消化道、呼吸道等途径传播感染。尤其是 2 月龄以上的青年兔和成年兔易感染发病，40 日龄以下仔幼兔和部分老龄兔不易感。本病一年四季均有发生，春、秋季发病率相对较高。在新疫区或未接种疫苗的兔场一旦发病，发病率、死亡率极高。目前普遍重视本病的预防，发病率大为下降，但仍有发生，主要是由于忽视了合理规范的使用疫苗或执行免疫程序。

2. 兔瘟有哪些临床症状和病理变化？

（1）临床症状 自然感染兔病毒性出血症的兔潜伏期 48~96 小时，人工感染潜伏期一般为 16~72 小时。根据本病的病程、发病症状可将其分为最急性型、急性型和慢性型 3 种类型。

① 最急性型。常发生于非疫区、流行初期或根本没有免疫接种的兔场。多数病例无明显的临床征兆就死亡，少数病例在兔笼内表现出短暂的兴奋、狂奔乱跳，有的突然出现抽搐倒地、四肢呈划水样、

伴有尖叫声等症状，然后出现昏迷，临死前角弓反张，头往后仰，眼球突出；有的病兔口鼻有血色泡沫样液体流出，肛门松弛，有淡黄色黏液流出，粘附在肛门周围。

②急性型。此类型常见于流行中期，病程一般为12~48小时。患兔出现精神不振、头低耳聋、饮欲增加、食欲减退或废绝，体温升高，达41℃以上，呈稽留热，初期呼吸急促乃至呼吸困难。大多数病例在临死之前会出现兴奋、狂奔乱跳、挣扎等，临死时病兔体温下降，伴有尖叫声；死后少数病例口鼻有出血症状，并且肛门周围有淡黄色胶样物质黏附。孕兔可发生流产和死胎。

③慢性型。此类型病例比较少见，常发于老疫区或流行后期。患兔表现为精神不振，饮食欲减退，身体消瘦，四肢无力，伏于地面或笼底板上，到最后一般虚弱衰竭而死，病程一般1周左右，有的甚至可拖延10天以上。少数兔可耐过，但耐过兔生产性能、繁殖性能明显下降。

（2）病理变化　最急性、急性型病死兔以全身实质器官瘀血、出血为主要变化。主要表现为气管出现严重的瘀血和出血，管腔内有大量泡沫样血液（俗称"红气管"）。

肺部有充血、出血、瘀血、水肿症状；肝脏肿大瘀血，质地变脆，表现有出血点，有的呈暗黑色，切面粗糙，有暗红色血液流出，胆囊肿大。

脾脏瘀血肿大，颜色呈黑紫色，边缘钝圆，质地变脆；肾脏肿大，表面有出血斑点，有的病例肾脏出现变性、坏死灶等症状，呈花斑肾。

胃浆膜有出血症状，小肠黏膜充血、出血，肠系膜淋巴结肿大、出血；膀胱积尿，膀胱黏膜也有出血点症状。

3. 诊断兔瘟的主要依据是什么？

2月龄以上的兔发病、死亡，发病急、病程短，死亡时口鼻流出血色泡沫样液体是典型症状；实质性器官表现充血、出血、瘀血，特别是"红气管"症状是本病的特征性病变。根据这些特点可做出初步诊断。确诊需做血凝试验（HA）和PCR检测等。

4. 对兔瘟应如何综合防控？

（1）预防措施　免疫接种是防制该病的首要措施。规模化兔场最好是根据抗体检测结果制定科学合理的免疫程序，确定仔幼兔的首免日龄以及种兔群每年的免疫间隔期。一般采用兔病毒性出血症灭活疫苗进行免疫，种兔群推荐每年免疫接种 2~3 次，皮下注射，每只 2 毫升；仔幼兔选择在 35~45 日龄进行首免，皮下注射，每兔 1 毫升。对于新兔场要严把引种关，禁止到发病疫区进行引种，对新引进的兔群一定要做好隔离观察，一般隔离观察 2 周以上方可合群。兔场内禁止收购兔皮、兔毛、兔肉等兔产品及附属物。一旦发病对全场，包括饲草、兔舍、过道、粪沟、笼地板、产仔箱等设施设备进行严格的消毒处理，消毒剂可选用 2% 浓度烧碱、过氧乙酸（1∶500 浓度）等。对于病死兔，一定要做好深埋或焚烧等无害化处理。

（2）治疗　该病属病毒性疾病，一般的抗生素药物只能起到控制继发感染的效果，治疗该病难以奏效，主要采用注射高免血清或兔病毒性出血症灭活疫苗紧急接种。具体方法：采用兔瘟高免血清对兔群肌内注射，每只 5 毫升，连用 3 天后可收到明显效果；无高免血清的可采用紧急接种方法，2~3 倍兔病毒性出血症灭活疫苗剂量，肌内注射，一般 3 天后可控制病情蔓延，7 天后可控制本病的发生。

5. 如何诊断兔轮状病毒病？

兔轮状病毒病是由轮状病毒引起的仔幼兔的一种消化道传染病，临床上以病兔拉稀、腹泻、身体脱水为主要特征。

（1）流行病学　兔轮状病毒病主要发生于断奶前后的仔幼兔（一般 2~6 周龄为主）。青年兔、成年兔也偶见感染，一般感染后不表现出临床症状，有的只是轻微的一过性肠炎，但这些兔群会成为长期带毒者，不断向外界环境中排放病毒，成为传染源。病兔及带毒兔为本病的主要传染源。轮状病毒主要存在于病兔、带毒兔的肠道中，随排泄物不断排出体外，污染环境，导致其他健康兔群感染发病。本病的传播方式为水平传播，传播途径为消化道，老鼠、蚊子、苍蝇等为本病的主要传播媒介。本病呈地方性流行或散发性，在寒冷的晚秋至早春寒冷季节发病率较高，兔场一旦感染，病原会在兔场中长期存在，以后生产中会频发本病。

（2）临床症状 本病的潜伏期一般为18~96小时。仔幼兔发病后先表现精神不振，昏睡，体温升高，食欲减退或废绝，躲于兔笼角落，打堆成团，到中期病兔出现水样腹泻，腹泻兔后肢及肛门周围均沾有粪便，腹泻导致病兔身体严重脱水，死前体温下降。

未断奶仔兔发生该病后，通常表现为病兔身体瘫软，不吃奶，排稀软粪便，数日后死亡。青年兔与成年兔一般无临床症状，个别出现轻微的腹泻，病程很短，大多数均能自然康复。

（3）病理变化 病兔尸体脱水严重，剖检可见小肠肠壁变薄，充血、出血严重，肠道内含有黄色或淡黄色样内容物。肠黏膜有出血斑，肠上皮细胞脱落严重。结肠有瘀血症状。盲肠中粪便带有黏液物质。有的病例实质器官出现瘀血、出血症状。

根据临床症状难以确诊。可采用病毒分离鉴定，荧光抗体、酶联免疫吸附试验或中和试验等进行实验室确诊。

6. 如何综合防控兔轮状病毒病？

（1）预防措施 加强日常饲养管理是防制该病的重要手段。保证日粮结构的合理性，做好清洁卫生和日常消毒防疫措施，尽量减少各种应激因素，特别要注重断奶前后的管理，寒冷季节要注意防寒保暖。发生该病后要将病兔立即隔离治疗，病死兔要进行严格的无害化处理，全场严格消毒（选用碘、氯制剂类消毒剂）。

（2）治疗 该病也是病毒性疾病，没有特效药物，主要采取防止继发感染和对症治疗的措施。首先采用1%黄芪多糖注射液进行肌内注射，每兔2毫升，一天2次，连用3天；同时口服磺胺脒，每千克体重200毫克，一天2次，连用3天；腹泻严重的患兔还可耳静脉或腹腔注射葡萄糖生理盐水进行补液，每兔注射15~20毫升，一天2次，连用3天。

7. 如何诊断兔传染性水疱性口炎？

兔传染性水疱性口炎是由传染性水疱性口炎病毒引起的一种急性

传染病，俗称流涎病。临床上以口腔黏膜出现水疱性炎症、流涎为主要特征。

（1）流行病学　本病主要发生于 1~3 月龄的仔幼兔，特别是断奶后 1~2 周的幼兔最易发生，成年兔很少发病。病死兔和带毒兔为本病的主要传染源。病兔、带毒兔口腔分泌物、唾液、坏死组织以及其他病料组织中均含有大量病毒。本病主要通过水平传播，消化道是主要传播途径，一般通过直接或间接被污染了的饲料、饮水经唇、舌、口腔黏膜而感染。蚊子、苍蝇、老鼠等是主要传播媒介。本病多发于春秋季节，常因家兔采食了腐败、变质或粗硬、芒刺过多的饲草或腐蚀性较强的制剂，损伤了口腔黏膜而诱发本病。

（2）临床症状　本病潜伏期为 1 周左右，一般 3~4 天。发病初期患兔的唇、牙龈、舌根等部位出现红、肿、热痛以及充血，随后在舌、上腭、口腔边缘等部位出现水疱性炎症以及溃疡，流涎，流出的分泌物并带有恶臭味，分泌物污染唇下、颌下、颈部、前胸及前爪等部位，使其被毛粘连在一起，被污染的部位继发细菌感染后会出现脱毛、炎症等症状，加重病情的发展。病兔因口腔病变采食、咀嚼困难，消化不良，逐渐消瘦死亡。

（3）病理变化　剖检患兔可见唇、舌、腭、口腔黏膜有水疱、糜烂、溃疡等症状。

根据流行病学以及临床特征，舌、上腭、口腔边缘等部位出现水疱性炎症及溃疡，同时大量流涎可做出初步判定。但要确诊还需进行病毒分离鉴定。一般采集病兔口腔中的水疱液、唾液等作为被检材料。

8. 怎样综合防控兔传染性水疱性口炎?

（1）预防措施　加强饲养管理是防制该病的首要措施，首先禁止饲喂粗糙、霉烂或易损伤家兔口腔黏膜的饲草；再者日常消毒时，特别是带兔消毒要注意一些强刺激性药物的使用，避免造成口腔黏膜损伤。家兔一旦出现口腔损伤要及时治疗，避免感染本病。定期做好清洁卫生和日常消毒措施，防止该病的流行发生；夏季做好灭蚊、灭苍蝇等工作。对于发病兔首先要隔离治疗，加强对兔舍环境的消毒，消毒可采用过氧乙酸、高锰酸钾等消毒剂。

（2）治疗　患兔每天饲喂柔软易消化的日粮，同时用 0.1% 高锰酸钾溶液、2% 明矾溶液、2% 硼酸溶液或 1% 盐水进行口腔清洗，并在患部涂抹青霉素、红霉素软膏或碘甘油等，每天口服复合维生素 B 片 1 片。对于病情严重的患兔肌内注射 1% 黄芪多糖注射液、青霉素进行全身给药治疗。对于久治不愈的病兔做淘汰处理。

9. 怎样诊断家兔大肠杆菌病？

大肠杆菌病是由一些致病性血清型大肠杆菌及其毒素引起的一种家兔肠道传染病。临床上以仔幼兔水样、胶冻样腹泻为主要特征。

（1）流行病学　病兔和带菌兔是本病的传染源。本病主要感染 1~3 月龄的仔幼兔，特别是断奶前后仔兔发病率较高，成年兔偶见感染发病。消化道是本病的主要传播途径，一般通过直接或间接接触而感染发病。本病一年四季均可发生，特别在寒冷冬春季节发病率相对较高。本病原菌属条件性致病菌，长途运输、饲养不当、日粮结构不合理、饲草腐败变质、气候变化以及其他应激因素都可导致该病发生流行。

（2）临床症状　仔幼兔发病初期首先出现精神不振，采食量下降或废绝，打堆成团，有的出现排软粪等症状；中期一般表现为腹泻、拉稀、污染肛门、尾部，患兔被毛粗乱，严重的呈水样腹泻，粪便污染肛门及尾部，有的病例拉出胶冻状物质包裹粪球，患兔耳根和四肢末梢冰凉，体温下降，病程 2~5 天。

青年兔与成年兔发病一般表现为拉软粪或一过性拉稀，有的老年兔常出现便秘症状，粪球细小。

（3）病理变化　仔幼兔的病变多表现在消化系统。可见胃膨胀，胃内容物多为稀粥样物质，有酸臭味，胃底黏膜严重脱落，有的胃壁有出血点；小肠充满气体，肠壁变薄，内容物为粘液或胶冻样液体。膀胱积尿。便秘患兔可发现盲肠粪便板结或成团状中间间隔有气泡形式，盲肠黏膜有散在的出血点。

根据断奶前后仔幼兔多发，以拉黄白色水样粪便或粪便外有一层胶冻样黏液，小肠胀气，肠壁变薄，内有黏液和胶冻样液体等特点，可做出初步诊断。确诊需进行细菌分离鉴定和致病性试验，若需鉴定血清型，还要做血清型鉴定试验。

10. 如何综合防治家兔大肠杆菌病？

（1）预防措施　加强断奶前后兔的饲养管理，保证饲料品质，饲料营养平衡合理，做好饲喂策略。在冬春季节要注意防寒保暖。可在天气变化、长途运输等应激因素下在日粮或饮水中添加抗应激药物（电解多维、微生态制剂、抗菌肽）防止大肠杆菌病的发生。研究表明，在日粮中长期添加微生态制剂可有效降低本病的发生率。

（2）治疗　腹泻兔可采用庆大霉素，每千克体重 2~4 毫克，一天 2 次，肌内注射；蒽诺沙星注射液，每千克体重 2.5~5 毫克，一天 2 次，肌内注射；磺胺间甲氧嘧啶注射液，肌内注射，每千克体重 50 毫克，首次剂量加倍，以后剂量减半，一天 2 次；磺胺嘧啶片，口服，每千克体重 100 毫克，首次剂量加倍，一天 2 次。若发病群体较多可在日粮或饮水中加多西环素预混剂，每吨饲料 200 克（按有效药物剂量计算）；也可用硫酸新霉素饮水。

11. 如何诊断家兔产气荚膜梭菌病？

兔产气荚膜梭菌病是由兔产气荚膜梭菌（A 型）及其外毒素引起的消化道传染病，临床上以急性下痢、水样腹泻及肠毒血症为特征，是一种严重为害家兔养殖生产的传染病，其发病死亡率极高。

（1）流行病学　本病多呈地方性流行或散发。病兔和带菌兔为本病的传染源。本病主要通过水平传播，病兔排出的粪便中大量带菌，极易污染饲料、饮水及其用具等，消化道是本病的主要传播途径。各年龄段的兔都可感染发病，以 2~3 月龄的幼兔发病率最高，一般兔群中膘情好、食欲旺盛的兔最先发病。一年四季均可发生，但在寒冷的冬春季节发病率相对较高。天气骤变、饲草霉烂变质、高蛋白高能量低纤维型日粮以及饲养管理粗放等是导致该病发生的主要诱因。其传播速度快，一般几天就可导致全场发病。

（2）临床症状　本病的潜伏期多为 3 天左右。发病初期病兔出现精神萎靡，食欲减退或废绝，在兔笼内打堆，躲于兔笼角落，被毛粗乱，头低耳耷等症状；发病中期病兔排出具有特殊腥臭味的水样粪便，腹泻严重，有的粪便中带有血丝，粪便呈黑褐色，粪便严重污染尾部和后肢，挤压腹部有稀粪从肛门流出。后期患兔脱水严重，呼吸困难，可视黏膜发绀，耳和四肢末端冰凉，直至死亡。急性病例从发病到死亡只需几个小时，一般病程为 1~3 天，长的可达 1 周。

（3）病理变化　病死尸身体脱水严重，打开病兔腹腔可闻到特殊的腥臭味，胃膨胀严重，内充满食物，在胃壁表面就可见胃黏膜上黑色的斑点样溃疡，胃黏膜脱落严重，胃底壁有出血；小肠表现充血、出血症状，肠管空盈；盲肠浆膜上有典型的刷状出血，内容物呈黑褐色，有腥臭；膀胱积尿，尿液呈浓茶样。

根据临床上出现急剧腹泻、有特殊腥臭味，剖检病死兔有胃溃疡、盲肠浆膜刷状出血等特征，可对该病做出初步诊断。确诊需对病原菌做分离、鉴定试验，要检测肠道中是否有外毒素存在，可做毒素中和试验，确定毒素类型。

12. 怎样防治家兔产气荚膜梭菌病？

（1）预防措施　该病是由兔产气荚膜梭菌（A 型）引起，但导致家兔死亡的是由其产生的外毒素。抗生素只能抑制和杀灭细菌，减少毒素产生，而毒素本身没有任何破坏清除作用，因此对于该病无特效药物治疗，重点在于预防。首先要配制平衡合理的日粮，特别是保证饲料中的粗纤维含量，防止饲料霉烂变质，不要过食精料。对于怀孕后期和哺乳期间的母兔由于采食量较大应适当饲喂些青干草。对于疫病流行的疫区或兔场可采用兔产气荚膜梭菌（A 型）灭活疫苗进行免疫接种。发生该病，立即对病兔进行隔离治疗，对兔舍、场地采用福尔马林等进行消毒，可全场紧急加量接种兔产气荚膜菌（A 型）灭活疫苗。

（2）治疗　抗生素虽不能清除肠道内外毒素，但对病菌有一定的杀灭作用，从而减少病原菌产生外毒素。在治疗过程中可起到辅助作用，可用金霉素、磺胺药物等抗生素进行辅助用药治疗。病兔可用魏氏梭菌抗血清治疗。患兔腹泻后脱水严重可用 5% 葡萄糖生理盐水进行补液，每兔 15~25 毫升，静脉或腹腔注射，一天 2 次，连用

3~5天。

13. 怎样诊断兔沙门氏菌病？

兔沙门氏菌病，又称兔副伤寒，是由鼠伤寒沙门氏菌和肠炎沙门氏菌引起的一种细菌性传染病。临床上以发生败血症、急性死亡、腹泻、流产为主要特征。

（1）流行病学　本病多呈散发性或地方性流行。病兔和带菌动物为本病的传染源。本病的传播方式主要有两种，水平传播和垂直传播。病兔和带菌动物的粪便污染了饲料、饮水、笼具，并经消化道感染。消化道是本病的主要传播途径，仔兔还可经脐带和子宫感染。老鼠、蚊子、昆虫、苍蝇等为主要的传播媒介。不同品种、年龄、性别的兔都可感染发病，1~3月龄的仔幼兔和怀孕母兔的发病率最高。一年四季均可发生，但在春秋两季发病率相对较高。养殖环境污秽、潮湿、阴雨天气、长途运输是导致该病发生的主要因素。

（2）临床症状　本病的潜伏期为3~5天。仔幼兔发病主要表现为消化道疾病，发病初期病兔体温升高，精神不振，饮食欲减退或废绝，中后期出现排软粪或腹泻，粪便呈糊糊样，病死率极高。母兔感染该病菌后出现全身体温升高，兴奋不安，从生殖道流出黏液甚至脓性分泌物，以后出现久配不孕的症状；怀孕母兔出现流产、死胎症状，流产后的母兔长期带菌，成为传染源，不断向外界排放病原菌，丧失其种用价值。

（3）病理变化　肠黏膜有充血、出血，淋巴结和脾脏肿大，切开后发现颜色变暗，出血严重。腹腔有大量渗出液或纤维性渗出物。病死仔幼兔的圆小囊和蚓突处有散在的大小不一的灰白色坏死点，该症状为本病的特征性病变。发病的怀孕母兔的胎儿病变明显，表现为死胎、木乃伊胎，有的流产胎儿皮下水肿明显；发病严重的母兔出现子宫炎、子宫积脓等生殖道症状。

根据仔幼兔出现腹泻、病死兔圆小囊和蚓突的特征病理变化以及母兔出现流产、死胎症状可做出初步诊断。确诊还需做病原菌的分离、鉴定试验。目前还可采用PCR方法或ELISA对本病进行快速检测诊断。

14. 怎样综合防治兔沙门氏菌病?

（1）预防措施　加强饲养管理，保持饲料、饮水、垫草、笼具的清洁卫生。禁止到疫区引种而引入本病。定期做好消毒、灭鼠、灭蝇等工作。病死兔做焚烧或深埋处理。发现病兔后要立即隔离治疗，同时全场严格消毒，对未发病兔群选用氟哌酸、磺胺嘧啶等药物进行预防，同时可采用百毒杀带兔消毒。

（2）治疗　腹泻病兔可采用氟苯尼考注射液，每千克体重20毫克，肌内注射，一天1次，连用3天；磺胺二甲嘧啶片，每千克体重100毫克，首次剂量加倍，口服，一天2次，连用3天；蒽诺沙星注射液，每千克体重2.5~5毫克，肌内注射，一天1~2次，连用3天；若要进行全群预防可在饮水中加蒽诺沙可溶性粉或溶液，1升水中加75毫克（按药物有效剂量计算），连用3~5天。发病母兔采用0.1%高锰酸钾溶液进行子宫冲洗，1天2次，同时结合全身治疗，采用磺胺间甲氧嘧啶注射液，每千克体重50毫克，肌内注射，一天2次，连用3天，如果治疗痊愈后怀孕正常可继续留作种用，若丧失种用价值，应立即淘汰。

15. 如何诊断兔多杀性巴氏杆菌病?

兔多杀性巴氏杆菌病，又称兔出血性败血症，是由兔多杀性巴氏杆菌引起的一种综合性传染病。本病是家兔的一种常见疾病，因病菌感染部位不同而表现出多样的临床症状，临床上多以败血症、鼻炎、肺炎和中耳炎等为主要特征。

（1）流行病学　本病菌是条件性致病菌，多为散发，有的呈地方性流行。病兔和带菌兔是本病的主要传染源。病兔的鼻液、唾液、粪、尿等带有大量病菌，可污染草、料、饮水、笼具、场地等。一般通过呼吸道、消化道或皮肤、黏膜伤口而感染。不同年龄、品种的家兔均易感染发病。本病一年四季均可发生，但以春、秋季较多发，尤其在阴雨潮湿、高温高湿、气候多变的季节发病率相对较高。当饲养密度过大、通风不良、长途运输或发生其他病时，兔抵抗力下降，均可诱发本病的发生。

（2）临床症状　本病的潜伏期长短不一，主要取决于家兔自身的抵抗力、细菌毒力、感染部位等。根据临床表现可分为急性型、亚急性型和慢性型3种。

① 急性型。该类型病例发病死亡急，导致不能及时地采取有效防制措施，一般从发病到死亡只有几个小时的时间，有的甚至没有任何的异常表现就突然死亡。病程稍长的患兔，体温升高，精神沉郁，食欲减少或废绝，呼吸困难，甚至急促，有的出现打喷嚏，一般经1~3天后死亡。急性型病症主要发生在3月龄以下的仔幼兔。

② 亚急性型。本类型病症又称地方性肺炎，主要发生于成年兔。发病初期表现为精神沉郁，食欲减退，一般有流浆液性鼻液、打喷嚏等轻度的呼吸道症状，若不能及时治疗病情就会加重，引起脓性鼻液、肺炎以及胸膜炎等更为严重的呼吸系统疾病，导致呼吸困难，体温升高，有的患兔还有腹泻症状。患兔病程较长，到后期饮食欲严重下降甚至废绝，最终衰竭而死。

③ 慢性型。此类型病症也主要发生在成年兔，尤其是老年兔。根据病原菌感染的部位不同主要包括：鼻炎、中耳炎、子宫炎或积脓、皮下脓肿、结膜炎等。

鼻炎：间断性的打喷嚏，鼻孔流出浆液性或白色脓性分泌物，有的病兔鼻分泌物与饲料、兔毛粘接成痂，堵塞鼻孔，造成呼吸困难。

中耳炎：由于病菌由中耳侵入内耳，导致头颈歪向一侧，运动失调，影响吃草和饮水。治疗效果不佳，而且病程可拖很长时间，最好及时淘汰。

结膜炎：因病菌侵入结膜囊，引起结膜潮红、眼睑肿胀、流泪，严重时，眼分泌物使眼睑粘连。

生殖器官炎症：主要因配种时被病兔传染。公兔表现为睾丸炎，睾丸肿大；母兔表现为子宫炎，常从阴户流出脓性分泌物，多数丧失了种用价值，建议淘汰。

（3）病理变化

① 急性型。主要表现为全身性的充血、出血症状。喉头、气管出血；肺部表面大面积出血、充血，水肿症状；心外膜特别是心冠脂肪点状出血；肝脏肿大，质地变脆，肝表面有弥漫性的针尖大小的

坏死点，切面有暗红色血液流出；脾脏及淋巴结肿大、出血。

②亚急性型。可见肺部有淤血、出血，甚至肝变或化脓，严重病例有纤维性渗出物，胸膜与胸腔以及肺脏发生严重粘连现象，有的胸腔有渗出液，混合感染病例肺部还有严重的化脓症状，脓包可转移至其他组织器官。

③慢性型。根据感染部位，主要是局部组织器官表现病症。皮下脓肿主要为皮下有脓疱；中耳炎主要是神经系统受损；结膜炎主要表现结膜充血；子宫炎主要表现为从阴户流出脓性分泌物。

根据临床症状和病理变化可做出初步诊断，确诊还需要进行细菌分离鉴定。目前已有针对家兔多杀性巴氏杆菌的快速检测试剂盒，可有效、快速、准确地诊断该病。

16. 怎样防治家兔多杀性巴氏杆菌病？

（1）预防措施　由于该病菌为条件性致病菌，因此加强各年龄阶段家兔的饲养管理，保证日粮品质的安全、平衡、合理，从而提高家兔本身的抗病能力是预防本病的重要手段。同时应做好兔场的清洁卫生，确保兔舍内空气质量良好，合理安排饲养密度。对于有该病流行发生的场或地区要做好免疫接种工作。仔幼兔可在 35~45 日龄时皮下注射兔瘟 - 多杀性巴氏杆菌灭活二联苗；种兔每年可采用兔多杀性巴氏杆菌灭活苗进行预防接种，一年免疫 3~4 次。发生本病时，将病兔隔离、治疗，严格消毒笼舍和用具。淘汰久治不愈的患鼻炎、中耳炎、严重结膜炎和严重生殖道炎症的病兔，减少病菌扩散。

（2）治疗　兔场如暴发多杀性巴氏杆菌病，可采用全群饮水或拌料给药，如蒽诺沙星饮水或拌料，连用 3~5 天。还可用磺胺间甲氧嘧啶（每吨饲料添加 300 克）、泰乐菌素（每吨饲料添加 50 克）混用，连用 7 天，效果明显。患鼻炎、肺炎的病兔采用青霉素、链霉素稀释后滴鼻，同时肌内注射青霉素每千克体重 3 万 ~5 万单位，链霉素每千克体重 10~15 毫克，一天 2 次，直至痊愈；结膜炎采用庆大霉素进行滴眼，一天 3 次，直至痊愈。对于严重患肺炎、子宫炎病例以及中耳炎等无治疗价值的病兔应及早淘汰。

17. 怎样诊断兔支气管败血波氏杆菌病？

兔支气管败血波氏杆菌病是由兔支气管败血波氏杆菌引起的一种家兔的常见传染病。临床上以出现呼吸道症状为主的病理特征。

（1）流行病学　本病传播广泛，常呈地方性流行或散发性发病。病兔和带菌兔为本病的传染源。呼吸道是本病的主要传播途径，一般通过咳嗽、打喷嚏的飞沫经呼吸道相互传染。各品种、不同年龄段的家兔均可感染发病，一般毛兔的发病率较高。本病为条件性致病，多在气候多变、阴雨潮湿以及其他应激因素等条件下，因机体抵抗力下降而发病。本病常与兔多杀性巴氏杆菌混合感染。

（2）临床症状　兔支气管败血波氏杆菌病根据发病症状可分为败血型、鼻炎型和支气管肺炎型3种类型。

①败血型。本病败血型病症相对较为少见，主要是病菌进入血液循环导致全身脏器出血的急性死亡，特点为发病急、死亡快，不表现出任何异常情况，一般都来不及治疗已死亡。该类型病例多发生于仔兔和青年兔。

②鼻炎型。鼻炎型病例较为多见，常呈地方性流行。发病早期患兔的精神状况、饮食欲、体温均正常，只表现有轻微的咳嗽、打喷嚏、流浆液性鼻液等临床症状。到后期患兔饮食欲减退，个别出现间断性体温升高，精神不佳，浆液性鼻液转化为黏液性或脓性鼻液，有时鼻液分泌物结痂黏附在鼻端。

③支气管肺炎型。支气管肺炎型一般由长期或久治不愈的鼻炎型转化而来，其临床症状与严重的鼻炎型病症相似，患兔流脓性分泌物。后期出现呼吸困难，甚至急促。多见于成年兔和老龄兔。

（3）病理变化

①败血型。多见肺部严重充血、出血；肝表面有出血点，质地变脆；脾脏肿大、充血、出血，呈黑紫色。

②鼻炎型。可见鼻黏膜充血明显，鼻腔堵塞许多鼻液分泌物。

③支气管肺炎型。病理变化主要发生在胸腔内，剖检可见纤维性胸膜炎，胸腔内脏器官粘连且化脓。肺组织大面积淤血，严重者有大小不等脓包症状，通常脓包转移至其他组织器官，脓肿外有一层包

膜，剖开脓包有奶酪样脓汁流出。

由于该病多与兔多杀性巴氏杆菌病、肺炎链球菌病等呼吸道疾病混合性感染，其症状与其他呼吸道疾病相似，依靠临床症状和病理变化难以做出准确诊断。确诊必须进行细菌分离鉴定。

18．怎样防治兔支气管败血波氏杆菌病？

（1）预防措施　搞好兔舍的日常清洁卫生，保持兔舍清洁干燥，通风换气良好，饲养密度要适宜是防制该病的主要措施；加强饲养管理与营养平衡，提高家兔自身抵抗力；有条件的兔场可采用试剂盒对兔群进行逐一检查，阳性兔给予及时治疗或淘汰，起到净化目的。发现病兔立即隔离治疗。久治不愈的严重鼻炎患兔，应坚决淘汰。

（2）治疗　每千克体重青霉素3万~5万单位、链霉素10~15毫克，用生理盐水稀释混合后，肌内注射，一天2次，直到痊愈。还可选用卡那霉素、庆大霉素注射，同时用酒精棉球清洗鼻孔周围分泌物后，进行滴鼻。

19．怎样诊断家兔葡萄球菌病？

葡萄球菌病是由金黄色葡萄球菌引起家兔的一种多病症传染病。临床上以不同的发病形式出现，如脓肿、脓毒败血症、乳房炎等。

（1）流行病学　本病多呈散发或地方性流行。病兔和带菌兔为本病传染源。本菌主要经皮肤黏膜伤口感染，消化道、呼吸道也可感染传播。家兔对金黄色葡萄球菌较为敏感，不同品种、年龄的家兔均易感。哺乳仔兔常因吃了含菌的奶汁而全窝感染发病。本病发生无明显的季节性，一年四季均可发生。

（2）临床症状　葡萄球菌病根据患兔病症类型可将其分为脓肿、转移性脓毒血症、生殖器官炎症、仔兔脓毒血症、黄尿病及乳房炎等。

①脓肿。主要发生在家兔的皮下、肌肉或内脏器官组织。颌下、肌肉组织发生脓肿多由于外伤感染所致，早期脓肿坚硬、患部体温升高，触及有痛觉；后期有波动感，有的会自动化脓穿孔。

②转移性脓毒血症。多为脓包溃破后，脓汁中的病菌及其毒素

进入全身血液循环，导致败血症，有的患兔感染发病后出现体温升高，通常死亡迅速，病程较短。

③ 生殖器官炎症。该类型病例多见于繁殖母兔。空怀期母兔感染后早期或病情较轻表现为外阴部流出不干净分泌物，后期或病情较重的患兔阴道流出黏性或脓性分泌物，有的带有恶臭味，有的患兔外阴部有溃疡、糜烂，患病母兔即使发情也不易配种；怀孕母兔感染葡萄球菌后会引起流产、死胎；个别公兔生殖器官也会感染发病，表现为包皮上有溃疡、结痂、糜烂症状。

④ 仔兔脓毒血症。初生1周内的仔兔在皮肤上会出现大小不一的脓点症状。

⑤ 黄尿。仔兔黄尿病一般是由于仔兔吸食了患有乳房炎或变质的奶水而导致的一种急性肠炎。其症状主要为仔兔拉黄色粪尿、被毛被粪尿染黄、垫草潮湿、体软昏睡，有腥臭味，该病常整窝发病，死亡率较高。

⑥ 乳房炎。机械性因素是导致该类型病发生的主要原因。养殖生产中多因产仔箱边缘不平整、垫草有硬结划伤乳房或仔兔咬伤乳头后感染发病。乳房先出现局部红肿，随着病情的扩散，发病部位面积增大，患乳房炎的部位化脓、穿孔。严重病例发病乳房呈紫红色或蓝紫色，乳房局部发硬、增大，到后期会形成脓肿，流出脓汁。

（3）病理变化 脓肿病症剖检可见脓包内有干酪样或奶酪样脓液；生殖器官炎症母兔子宫内膜有炎症、充血明显、严重的有子宫积脓。

本病根据临床症状和病理变化就可做出初步判定。确证需采集病料组织进行细菌分离鉴定和致病力试验即可。

20. 怎样防治家兔葡萄球菌病？

（1）预防措施 要尽量减少造成家兔外伤感染的机会，及时清除兔笼内尖锐物体，产仔箱边缘和内壁要保持平整光滑，笼底垫竹底板，缝隙宽度合理、边缘光洁。在配种时要检查公母兔是否有生殖系统疾病，禁止患病兔之间配种而引起传播；做好日常清洁卫生；定期对笼底板、食槽、场地等设施设备做清洗消毒工作。发现病兔立即隔离治疗。

（2）治疗

① 脓肿。对于皮下或肌肉脓肿主要采用剖开脓包，排出脓液，然后用 3% 双氧水或 0.1%~0.2% 高锰酸钾溶液清洗消毒患部，然后撒上消炎粉或青霉素粉在患部，伤口较大的可进行手术缝合，对于完整性脓包可进行手术摘除。

② 转移性脓毒血症。每千克体重青霉素 3 万 ~5 万单位、链霉素 10~15 毫克，用生理盐水稀释混合后，肌内注射，一天 2 次。

③ 生殖器官炎症。母兔可采用 0.1% 高锰酸钾溶液冲洗子宫，反复几次，然后每千克体重肌内注射青霉素 3 万 ~5 万单位和链霉素 10~15 毫克，一天 2 次，直至痊愈；公兔主要对患部进行消炎处理即可，无治疗价值作淘汰处理。

④ 仔兔脓毒血症。用消毒后的针刺破脓点，挤出脓汁，用碘酒涂搽患部即可，一天 2 次，痊愈为止。

⑤ 黄尿病。首先治疗母兔乳房炎，将仔兔寄养于泌乳正常的母兔，每天用庆大霉素注射液灌服患兔，每兔每次 0.5~1 毫升；还可注射青霉素或头孢噻呋。

⑥ 乳房炎。可以在发病乳区周围多点封闭式注射长效青霉素；还可用鱼腥草捣碎后敷乳房。如乳房炎太严重，建议淘汰。

21. 如何诊断兔绿脓杆菌病？

兔绿脓杆菌病是由绿脓假单胞杆菌引起的一种散发性传染病。临床上以消化道、呼吸道病症发生为主。

（1）流行病学　本病一般呈散发。病兔和带菌兔为本病传染源。病兔粪便、尿液以及分泌物污染了饲料、饮水和用具后经消化道、呼吸道、皮肤黏膜伤口感染传播。各年龄段的家兔均易感染。高温高湿环境、卫生条件较差、外伤感染以及家兔自身抵抗力下降等情况下易导致感染发病。

（2）临床症状　根据发病表现的临床症状可将其分为败血型、脓肿型、肠炎型、肺炎型 4 种类型。

① 败血型。突然发病，急性死亡，患兔死前一般无异常表现。

②脓肿型。表现为在皮下、肌肉以及内脏器官有脓疱，脓疱颜色为绿色，流出的脓汁也为绿色，有的患兔发病部位周围的被毛、皮肤颜色也为绿色。

③肠炎型。患兔表现突然拉稀，排出的粪便为血样粪便，病兔精神不振，食欲废绝，病程很短，一般发病后1天内死亡。

④肺炎型。发病初期表现为咳嗽、打喷嚏，流黏液性或脓性鼻液等症状，一般精神状况和采食均无异常；中后期病兔体温升高，食欲减退，慢慢变为不食，精神不振，一般衰竭而死，此类型病程较长，可拖延2周以上。通常绿脓杆菌与多杀性巴氏杆菌、支气管败血波氏杆菌等呼吸道病原菌混合感染导致肺炎。

（3）病理变化

①败血型。主要表现为全身内脏器官出现出血、充血症状。

②脓肿型。症状类似葡萄球菌病，脓液呈绿蓝色。

③肠炎型。剖检可见消化道黏膜严重出血，肠道管腔内充满了带血内容物；肝组织质地变脆，有出血点；脾脏肿大、出血，呈黑紫色；肠系膜淋巴结肿大、出血。

④肺炎型。主要病变表现在胸腔内脏器官，其症状与支气管败血波氏杆菌病相似，肺部化脓组织中的脓液为绿色脓液。

根据本病脓肿病变的颜色可做出初步诊断。确诊需做细菌学检验。

22. 如何防治兔绿脓杆菌病?

（1）预防措施　加强饲养管理，尽量确保家兔无外伤感染，做好日常消毒防疫工作。发现病兔要立即隔离治疗，无治疗价值的要进行无害化处理，对其接触过的用具要严格消毒。同时还要加强其他呼吸道病的预防，避免混合感染。

（2）治疗

①败血型。按葡萄球菌败血型进行治疗。

②脓肿型。按葡萄球菌脓肿进行治疗。

③肠炎型。硫酸新霉素，每千克体重10~15毫克，口服，一天2次，连用3~5天；多黏菌素片，每千克体重1万单位，口服，一

天 2 次，连用 3~5 天；磺胺脒，每千克体重 200 毫克，口服，一天 2 次，连用 3~5 天；同时结合口服维生素 K。如兔群发病多，可全群用药，硫酸黏菌素可溶性粉饮水，每升水加 40~200 克，连用 3 天。

④ 肺炎型。按每千克体重肌内注射青霉素 5 万单位和链霉素每千克体重 10~15 毫克，一天 2 次，直到痊愈。

23. 怎样诊断兔泰泽氏病?

兔泰泽氏病是由毛样芽孢杆菌引起的一种急性肠道传染病。

（1）流行病学　患兔、隐性感染和耐过兔为本病的传染源。感染兔从粪便中排出含有芽孢的病原菌污染饲料和饮水，以消化道传染为主。各年龄段和各品种兔均易感本病。但以 1~3 月龄仔幼兔发病率最高，成年兔也可感染，但相对较低。本病目前在国内报道很少。一般呈地方性流行，一旦发生则呈暴发性，很难控制病情。一年四季均可发生，但寒冷的冬春两季发病率相对较高。

（2）临床症状　本病发病迅速，病程很短，从发病到死亡一般在 24 小时以内。病兔主要表现为精神沉郁、不食不饮，呈水样腹泻，粪便污染肛门周围及尾部，粪便多为黑色或褐色，病兔主要因严重脱水而死。

（3）病理变化　病死兔脱水严重；脾脏及肠系膜淋巴结肿大明显；小肠肠壁变薄、充血、出血；大肠特别是盲肠病变明显，浆膜充血、出血严重，肠壁水肿明显，盲肠内容物为黑色或褐色水样粪便。病程稍长的，可见肝脏肿大，有大小不一的灰白色坏死灶。

根据临床症状难以做出准确判断。可通过取病变组织涂片，姬姆萨染色后镜检，若发现在肝细胞、平滑肌、心肌及肠上皮细胞内有呈束状或簇状排列的芽孢杆菌可确诊。还可做荧光抗体试验或琼脂扩散试验进行确诊。

24. 怎样防治兔泰泽氏病?

（1）预防措施　首先要严把引种关，禁止到疫区或带病场引种，从国外引种要对该病进行严格检疫。该病的治愈率很低，发现病兔应立即淘汰，无害化处理，用福尔马林或烧碱对全场进行严格消毒，控制病情蔓延。

（2）治疗　发病早期的兔子可口服土霉素片，每千克体重20毫克，一天2次，连用3天，同时，可静脉或腹腔注射补液，5%葡萄糖生理盐水每兔20毫升左右，一天2次，连用3天。全群可用土霉素拌料饲喂3~5天。

25．怎样诊断皮肤真菌病？

家兔皮肤真菌病是多由毛癣菌属和小孢子菌属的多种皮肤真菌引起家兔的一种皮肤性传染病。临床上出现脱毛、断毛和皮肤炎症为主要病理特征。

（1）流行病学　本病呈世界性流行。该病原菌在自然界广泛存在，当生产场地长期处于潮湿条件下就可诱发该病的发生。养殖环节中病兔和隐性感染兔为主要传染源。本病主要经水平方式传播，其传播性极强，可通过交配、吸乳等方式进行直接传播或经饲料、饮水、用具以及脱落的被毛、人员等间接接触而传播，同时也可通过空气途径传播。不同品种和各年龄阶段兔都可感染发病。本病除感染兔外，还可感染人和多种动物。一年四季均可发生，特别是在夏季高温高湿条件下最容易引起暴发。该病传染迅速，发病率高。兔场一旦发病很难根治。

（2）临床症状　通常患部最早出现在兔嘴唇、眼、鼻周围及头、面部，继而扩散到四肢、背、腹部的皮肤。病变部位皮肤初期出现红疹，形成不规则的小块或圆块脱毛斑，分界明显，随后脱毛斑皮肤出现灰白色或黄色皮屑和痂皮，痂皮脱落形成溃疡，有痒感。癣斑皮肤变厚、皲裂和变硬。有的病兔病变部位主要表现为脱毛、发红、皲裂，少有皮屑和痂皮。该病主要发生在皮肤角质层，一般不侵入真皮层。

根据流行病学和临床症状可做出初步诊断。实验室诊断方法为：刮取患部边缘的皮屑或毛，放置在载玻片上，滴1滴10%氢氧化钠溶液或真菌染液，在酒精灯下微微加热固定，盖上盖玻片在显微镜下观察有无真菌的菌丝体或孢子。采用分子生物学方法对一些重要的皮肤真菌还可以进行种内的分型。

26. 怎样防治家兔皮肤真菌病?

（1）预防措施　本病重在预防，首先尽量避免兔舍内长期处于高温高湿环境，尽量保持兔舍内干燥。禁止到疫区或病兔场引种；禁止外来人员、车辆以及收购兔肉、兔毛、兔皮人员进入兔场；外来参观人员一定要换衣服、鞋、帽和严格的消毒措施后方可入舍。发现病兔立即隔离治疗，对兔场内的场地、兔笼、用具等进行严格消毒，禁止兔场内部人员串舍；消毒液可用3%氢氧化钠、3%福尔马林等喷雾消毒。

（2）治疗　病兔患部先剪毛，再用肥皂水或消毒液洗去痂皮，然后选择药物涂擦治疗，可选用水杨酸软膏、灰黄霉素软膏或克霉唑、盐酸特比萘芬软膏或喷剂等，每天1~2次。兔群还可用灰黄霉素拌料，每100千克饲料添加30~40克，连用10~14天，停1~2周后再用1个疗程。灰黄霉素可引起消化系统不良反应，使用时不要长期或大剂量使用。目前，国内兽用抗真菌药物有批准文号的只有水杨酸，而许多新型抗真菌药物如克霉唑、伊曲康唑、特比萘芬等只有人用的，或进口的宠物用药。引起家兔皮肤真菌病的主要病原须癣毛癣菌对特比萘芬最敏感，其次为克霉唑和伊曲康唑。因该病是人畜共患病，在治疗时应注意人员的自我保护。

27. 怎样诊断家兔球虫病?

兔球虫病是由艾美尔球虫属的多种球虫引起的体内寄生虫病，该病是目前家兔生产中最常见的疾病之一。临床上以仔幼兔腹泻、消瘦，严重者出现死亡为主要特征，我国将兔球虫病列为二类动物疫病。

（1）流行病学　兔是兔球虫病的唯一自然宿主。病兔、康复兔和成年隐性带虫兔是主要传染源。家兔感染球虫是由于吞食了散布在土壤、饮水、饲料、青草、笼底等外界环境中的感染性球虫卵囊而感染。消化道是本病的主要传播途径。各品种的家兔对本病都易感，一般1~3月龄幼兔感染率最高，一般感染率接近100%，发病死亡率可达50%以上，耐过兔生长发育受阻，成为僵兔，体重下降

12%~27%；成年兔由于抵抗力较强，一般呈隐性感染不表现临床症状，感染后成为长期带虫者。本病一年四季均可发病，我国南方地区梅雨季节多发，北方地区多发于 7—8 月，呈地方性流行。养殖生产中，兔舍卫生条件差，饲养管理不严，营养不良等，都可加剧本病的发生。兔球虫寄生部位和潜伏期见下表。

兔球虫感染部位和潜伏期

种　名	寄生部位	潜伏期（天）
黄艾美耳球虫	小肠、大肠	9
肠艾美耳球虫	小肠	9~10
小型艾美耳球虫	小肠	7
穿孔艾美耳球虫	小肠	5
无残艾美耳球虫	小肠	9
中型艾美耳球虫	小肠	5~6
维氏艾美耳球虫	小肠	10
盲肠艾美耳球虫	小肠	9~11
大型艾美耳球虫	小肠	7
梨型艾美耳球虫	结肠	9
斯氏艾美耳球虫	肝脏、胆管	18

（2）临床症状　根据感染球虫的种类以及寄生部位可将兔球虫分为：肠型球虫、肝型球虫和混合型球虫 3 种类型。

① 肠型球虫。一般潜伏期为 3~5 天，多发生于 30~60 日龄仔幼兔。有的仔幼兔发病急，病程短，常突然倒地，四肢痉挛划动，头颈僵直后仰，发出惨叫，往往来不及治疗便死亡。大多数患兔主要表现为逐渐消瘦、精神沉郁、食欲下降、磨牙，有不同程度的腹泻，有的腹泻与便秘交替。通常脱水、中毒及继发细菌感染而死。患兔死后肛门排出黄色黏液物质污染尾部。耐过兔一般生长速度缓慢，成为僵兔。

② 肝型球虫。患病兔被毛粗乱，食欲减退或废绝，精神萎靡，用手触及肝区有痛感，腹围增大，到发病后期患兔可视黏膜一般出现

黄疸或苍白，病兔一般到后期都消瘦而死。肝型球虫一般病程较长，潜伏期10天以上。感染不严重时常无明显临床症状。

③ 混合型球虫。由寄生于肝胆和肠黏膜上皮组织的多种球虫共同引起，其症状一般表现为肠型球虫和肝型球虫两种类型的症状。混合型球虫在生产中较为多见。

（3）病理变化

① 肠型球虫。该类型病变主要在肠道。小肠有充血、出血症状，剖开肠管可见肠黏膜上皮呈弥漫性针尖大小的出血点，小肠内充满气体和大量黏液，有的为酱红色内容物。病程较长的兔在小肠管壁上可见大头针头大小的白色结节（内含大量卵囊），严重者可见化脓性坏死灶。有的患兔在结肠、盲肠也有出血症状。

② 肝型球虫。其主要病变在肝及胆囊部位。肝脏肿大明显，在肝脏表面和实质常见许多淡黄色球虫结节，粟粒至豌豆大，严重的融合成片。胆囊肿大、胆汁变得浓稠。

③ 混合型球虫。病理变化包括肠型球虫和肝型球虫两种类型的病变都不同程度出现。

根据1~3月龄仔幼兔多发，出现腹泻、胀气、消瘦、磨牙，以及小肠壁上许多大头针头大小的灰白色结节；肝脏表面可见许多淡黄色结节等特点，可初步判断该病。确诊主要进行球虫卵的检查。可采集粪便、肠黏膜或肝结节直接涂片镜检，也可用饱和食盐水法处理粪便后镜检，发现大量球虫卵囊或裂殖体等，即可确诊。但由于兔球虫种类较多，其致病性也各不相同，目前的显微镜检查很难鉴定兔球虫种，因而检出球虫卵囊并不能完全指导球虫病的治疗及预防，还需结合养殖场实际情况进行综合判断。

28. 如何防治家兔球虫病？

（1）预防措施 兔球虫病的流行范围广、感染率高，做好群体预防是关键。首先要做好平时清洁卫生和消毒措施，兔舍内要保持清洁干燥的环境，每出栏一批商品兔都要对兔舍地面、背网、产仔箱、食槽等设施和用具进行彻底消毒；再者加强各阶段兔的饲养管理，兔群要实行分群饲养，避免交叉感染和传播。除以上常规防制措施外，药物预防也是关键：氯苯胍预混剂拌料，每吨饲料加 150 克（按药物有效成分计算），用药时间从补饲至 50~60 日龄；0.5% 地克珠利，每吨饲料加 200 克，用药时间从补饲至 60 日龄。家兔球虫病的防制一定要贯彻"预防为主、防重于治"的方针，用于防制的球虫药要轮换用药和穿梭用药，避免耐药性的产生，同时要严格执行各种药物的休药期。

（2）治疗 氯苯胍预混剂拌料，每吨饲料加 300 克（按药物有效成分计算），同时添加维生素 K 辅助治疗，连用 1 周；0.5% 地克珠利预混剂拌料，每吨饲料加 400 克，连用 1 周。需要注意的是，市场上出售的抗球虫药物种类较多，但多数是鸡用抗球虫药，而有的抗球虫药按照鸡的用量会引起兔中毒，如马杜拉霉素，使用时要引起注意。

29. 怎样诊断兔螨病？

兔螨病是由螨寄生于家兔体表皮肤上或皮肤内的慢性皮肤病。临床上以引起家兔皮肤发痒、脱毛、结痂为特征，是家兔的一种常见、多发病。

（1）流行病学 本病呈世界性分布。病兔、隐性感染兔是本病的主要传染源。主要通过直接或间接接触性传播。不同品种、年龄的家兔均可感染。由于螨虫从繁殖到发育成熟需要 2~3 周时间，兔足螨需要的时间更长，相对而言饲养周期长的成年家兔发病率较高，仔幼兔由于饲养周期短发病率较低。本病一年四季均可发生，但在湿度较大的季节发病率更高。阴暗潮湿的圈舍比干燥、通风的圈舍更适宜螨虫存活。

（2）临床症状 根据螨虫寄生部位不同可分为体螨、耳螨、毛螨。

① 体螨。其病原为疥螨，主要寄生于兔脚趾、眼圈、口鼻、耳缘等少毛部位。患部表现为皮肤红肿、脱毛、龟裂，主要是由于疥螨的机械作用或分泌物造成的，若长期不治，患部会逐渐形成灰白色痂皮。患兔发病部位有痒感，患兔会啃咬脚趾，搔抓嘴、鼻、眼部位，长期不治患兔消瘦，影响生产性能，最后衰竭而死。

② 耳螨。其病原为痒螨，患病部位发生在耳内。初期耳根处有

红肿，随着病情的发展，患病部位向外延伸，流出的分泌物集结在一起形成一层纸卷样、粗糙、麸糠样的黄色痂皮堵塞耳道，有的还会继发细菌感染，出现化脓性炎症。患兔常表现不安，用脚搔抓耳部。到后期痒螨进入脑部，损伤神经系统，造成斜颈症状。

③ 毛螨。其病原为毛螨，多见于长毛兔，但肉兔也有发生。主要寄生在家兔的被毛上，靠吸家兔血为生，主要造成家兔痒感，毛螨寄生部位的被毛脱落，影响生产性能。毛螨肉眼可见，呈淡红色，芝麻大小，在家兔被毛上爬行。

根据临床症状即可做出诊断。实验室检查病原可在患健部交界处，用消毒过的小刀片刮取病料，直到皮肤出现微微出血即可。将病料放载玻片上，滴加50%甘油或液体石蜡，在低倍显微镜下寻找虫体或虫卵。没显微镜的，则将病料放置在黑色纸张上，用手电筒光照射或酒精灯微微加热一段时间后，用放大镜可见螨虫。

30. 怎样防治家兔螨病？

（1）预防措施　兔舍应经常保持清洁干燥，定期消毒，定期仔细检查兔脚趾、耳内，发现病兔立即隔离、治疗、消毒。笼底板定期替换，用消毒液或杀虫药浸泡或喷洒。杀虫药物可选用高效、无毒的氰戊菊酯溶液，稀释成0.1%~0.2%的溶液进行浸泡或喷淋。引种或购入新兔，必须从无病兔场购买，并逐只检查是否有疥螨病。做好定期药物预防工作，兔场可采用伊维菌素注射液，每千克体重0.2毫克，皮下注射；也可用伊维菌素或阿维菌素拌料口服，每3~4个月预防一次。

（2）治疗　发现病兔立即隔离治疗。目前治疗家兔螨病主要采用伊维菌素，皮下注射，每千克体重0.2毫克，间隔7~10天，再注射1次。刮下的痂皮、毛等就地烧毁。无治疗价值的病兔应及时淘汰。

31. 怎样诊断兔豆状囊尾蚴病？

兔豆状囊尾蚴病是由豆状带绦虫的幼虫寄生于家兔体内引起的一种寄生虫病。本病的流行需要犬等肉食动物作为终末宿主，一般在养犬的养殖场较为多发。

（1）流行病学 兔豆状囊尾蚴病呈世界性分布，在我国家兔主产区都有不同程度的感染。犬、猫等肉食动物是本病的终末宿主，而兔是本病的中间宿主。带虫的犬、猫、狐狸以及病兔是本病的主要传染源。主要传播方式为消化道。感染成虫的犬、猫通过粪便排出虫卵孕节或虫卵污染饲料、饲草、饮水等，家兔通过食入这些被污染的饲草、饮水而感染发病。

（2）临床症状 轻度感染的家兔不会表现临床症状，只是生产性能略有下降。若感染幼虫数量较多，可导致患兔生产性能明显下降、食欲增加、饲料报酬降低，生长发育变得缓慢，有的成为僵兔。发病严重的还会导致患兔出现腹胀、消化紊乱等消化系统症状，若不及时治疗，后期消瘦衰竭而死。成年兔感染一般不表现临床症状，但会长期带虫，成为传染源。

（3）病理变化 仔幼兔一般只有在3月龄以上的患兔才会发现囊尾蚴。囊尾蚴主要寄生在家兔的大网膜、肝包膜、肠系膜、直肠周围以及腹腔的其他部位，囊尾蚴包囊呈白色泡状，透明，大小如豌豆，有的呈串珠状似葡萄串，内充满液体，有头节。感染后期的囊尾蚴会通过胆管寄生于肝脏部位，肝表面和切面有黑红、灰白色条纹状病灶（六钩蚴在肝脏上移行留下病症），病程长的出现肝硬化。有的病例可见腹膜炎，网膜、胃肠等组织出现粘连。

依靠临床症状无法诊断，通过剖检发现囊尾蚴即可确诊。

32. 怎样治疗兔豆状囊尾蚴病？

（1）预防措施 由于兔豆状囊尾蚴病必须在犬、猫等肉食动物和兔两者之间才能完成其发育，故兔场内禁止饲养犬、猫等动物是防治该病的首要措施，防止场外犬、猫进入兔场。同时病死兔、死胎等不能饲喂犬、猫，从而减少本病的人为传播。每年可对兔群进行1次药物预防性驱虫，奥芬达唑按家兔每千克体重4~10毫克拌料，一般可选择在停繁季节进行。

（2）治疗 发现病兔立即隔离治疗。吡喹酮片每千克体重10~35毫克，一天1次，连用3天。

33. 怎样诊断家兔弓形虫病？

家兔弓形虫病是由龚地弓形原虫引起的以细胞内寄生为特点的体内寄生虫疾病，该病是人畜共患病，在人畜以及野生动物之间广泛传播。

（1）流行病学　猫是弓形体病的主要传染源。病兔和其他带虫动物也是传染源。主要是通过采食了被卵囊污染的饲料、饲草、饮水等通过消化道感染，还可通过呼吸道、眼结膜、皮肤及胎盘感染。吸血昆虫和蜱也可能传播本病。终末宿主主要为猫，中间宿主包括兔、猪、牛、犬、鼠等。本病呈地方性流行，一年四季均可发病，但在春末、夏季和初秋季节发病率相对较高，不同品种、年龄阶段的家兔均可感染发病。

（2）临床症状　母兔感染后一般出现一过性体温升高，主要危害母兔的繁殖能力，导致母兔繁殖障碍，怀孕后期的母兔出现流产症状。轻微感染的一般不出现临床症状或表现出贫血、消瘦，生长发育受阻等症状。病情严重的仔幼兔早期表现为体温升高、呼吸困难、食欲减退；后期患兔精神萎靡，眼分泌物呈浆液性或粘液性，病程一般1周左右，患兔死前出现惊厥或麻痹等神经症状。

（3）病理变化　典型病例在肝脏上可见灰白色坏死灶，渗出物为淡黄色液体；肠道有充血、出血；肠系膜淋巴结肿大、坏死；脾脏肿大，呈黑褐色。慢性病例主要表现内脏器官肿大、坏死。病死兔胸腔和腹腔积液。

根据流行病学、临床症状和剖解变化只能做出初步诊断，确诊必须进行实验室诊断。采集肝脏、脾脏、淋巴结组织坏死灶或腹水等作涂片，染色镜检，发现虫体即可确诊。隐性感染的通过血清检查才能判定。

34. 怎样防治家兔弓形虫病？

（1）预防措施　兔场内禁止饲养猫、犬，并严防猫粪对饲料、饮水等污染；定期消毒、灭鼠。发现病兔要立即隔离治疗，同时采用2%烧碱或2%福尔马林对兔场进行严格消毒，流产胎儿及其排泄物、病死兔要深埋或焚烧等无害化处理。

（2）治疗　磺胺类药物对弓形体病有特效。复方磺胺嘧啶钠注射液，每千克体重 20~30 毫克，肌内注射，一天 1~2 次，连用 2~3 天；复方磺胺嘧啶预混剂（磺胺嘧啶、甲氧苄啶），按每吨饲料加 100 克拌料（以磺胺嘧啶计），连用 3~5 天；磺胺喹噁啉、二甲氧苄啶预混剂，按每吨饲料 100 克拌料（按磺胺喹噁啉计），连用 3 天。

35. 如何诊治家兔胃肠炎?

胃肠炎是由诸多外界因素引起的家兔消化道机能障碍或紊乱的一种胃肠道炎症性疾病。临床上以拉稀、腹泻为主要特征。

（1）病因　引起该病的病因很多，主要有饲养管理不当；家兔采食了腐败、霉烂的饲草；日粮结构不合理、不平衡，如高蛋白低纤维型日粮等；有毒物质所致，如家兔误食了有机磷药物、灭鼠药等，家庭式养殖家兔容易采食含毒素较高的饲草、树叶等导致发病；其他应激因素，如气候变化、长途运输、断奶应激等。家兔在上述因素的诱导下发生胃肠炎，若继发细菌、病毒、寄生虫感染，会加重病情的发生。

（2）临床症状　发病初期患兔食欲减退，消化不良，精神萎靡，排软粪，排出的粪便上带有黏液样物质；发病中期患兔出现轻度腹泻，食欲严重下降，精神不振，不同病因导致的胃肠炎，症状不同，有的呈黏液性腹泻，有的呈血样腹泻，有的患兔还会出现神经症状，如四肢呈划水样；到后期患兔严重脱水，身体消瘦，背皮松弛，被毛粗乱，呼吸困难或急促，耳、四肢末端体温冰凉，患兔继发微生物或寄生虫感染还会出现其他疾病症状，患兔死前体温下降。

（3）病理变化　剖检可见病死兔胃部膨胀很大，并挤压膈肌，胃内容物呈粥样，酸臭味，剖开胃见胃底黏膜脱落、溃疡，有的还有出血症状；小肠肠壁变薄而透明，黏膜充血、出血严重，肠管内有黏液样内容物；肠系膜淋巴结肿大；有的盲肠浆膜也有出血症状。

根据病史、症状和病理变化可做出诊断。该病后期一般会继发细菌性感染，表现出细菌性传染病的症状。

（4）综合防治

① 预防。做好各年龄阶段和各季节的饲养管理工作，夏季要做好防暑降温、冬季做好防寒保暖；保证饲用日粮的安全性和平衡性，禁止饲喂带农药的饲草以及自身带毒的饲草；做好兔场内灭鼠工作，尽量不采用药物灭鼠以免误食；搞好兔场的清洁卫生和日常消毒工作，减少各种应激因素。

② 治疗。首先要根据病因消除致病因素，然后才进行对症治疗。治疗原则：首先抗菌消炎，硫酸新霉素，每千克体重 10~20 毫克，口服，一天 2 次，连用 3 天；蒽诺沙星注射液，每千克体重 2.5~5 毫克，肌内注射，一天 1~2 次，连用 3 天。再者消胀健胃，二甲硅油片，一次 0.1 克；乳酶生片，一次 1 克，口服（乳酶生不能和抗生素同时使用）。脱水严重的要进行补液，5% 葡萄糖生理盐水，一次 20 毫升，耳静脉或腹腔注射。

36. 如何诊治家兔毛球病?

毛球病是由于家兔食入大量兔毛并在胃内与食物纠缠成毛团，阻塞胃部而导致的一种疾病。一般长毛兔较为多见，肉兔也有发生。病理剖检以胃内大量积兔毛为特征。

（1）病因　饲养管理不当，如兔笼空间过小或单位笼内饲养密度过大，导致家兔相互啃咬而拉毛，或者家兔生理性换毛，但没有及时清理而被家兔食入所致；采用金属笼饲养时，相邻兔之间也容易啃咬、拉毛而发病；日粮中缺乏微量元素、维生素或含硫氨基酸等，导致兔形成异食癖而相互拉毛食入所致；分娩母兔拉毛做窝，母兔将被毛、垫草食入过多等所致。

（2）临床症状　此病是慢性疾病，患兔一般表现为慢慢出现采食量减少，到后期不食不饮，起卧不安，腹围增大，触及胃部有痛觉；排出粪便细小，有便秘症状，粪便有大量兔毛包裹。

（3）病理变化　剖检病死兔可见胃部膨大，剖检开胃内有大量兔毛聚集，肠道中也有兔毛团存在。

病死兔胃、肠内部发现兔毛团即可确诊。

（4）综合防治

① 预防。加强饲养管理，商品兔饲养密度不宜过大，一般一笼饲养不宜超过 3 只，青年兔、成年兔必须采用单笼饲养；日粮要求平衡合理，要充分保证微量元素、维生素以及含硫氨基酸的供给，在家兔换毛或拉毛时要及时的清理掉笼舍内兔毛，防止家兔食入。

② 治疗。症状较轻的患兔，可每天口服液体石蜡或植物油15~30毫升，直到毛球排出为止，排出毛球后应饲喂柔软易消化的日粮，同时口服乳酶生片，一次 1 克，进行开胃。对于病情严重的直接淘汰处理。

37. 怎样诊治家兔不孕症?

家兔不孕症泛指母兔的生殖机能发生障碍导致暂时或永久性的不能繁殖后代，养殖生产中以性机能减退或繁殖机能障碍为主要特征。

（1）病因

① 营养性不孕。家兔缺乏与繁殖相关的各种营养物质，如蛋白质、维生素 E 缺乏等。

② 饲养管理不当。如母兔每天饲喂量过多或过少，导致母兔过肥或过瘦也会出现长期不发情。母兔饲养地点采光性差，阴暗潮湿也会导致母兔长期不发情。

③ 疾病因素。如母兔出现阴道炎、子宫炎、子宫积脓、卵巢囊肿，以及死胎未产出留在子宫内等疾病导致的不孕。

④ 公兔因素。精液缺乏或品质差所致的不孕。

（2）症状 母兔表现不发情或久配不孕。

（3）防治

① 预防。本病关键在于预防。首先必须加强饲养管理，每日保证适宜的饲喂量，保持母兔适宜的繁殖生产体况，饲养母兔的圈舍必须采光性好，一般要求母兔每天的自然采光时间达到 10 小时以上，进行人工授精配种的要求达到 16 小时以上，兔舍内保持清洁干燥；保证母兔营养平衡，避免出现营养性不孕，高强度繁殖的母兔可适度增加营养物质供给；舍内温度持续太高时要进行人工降温。定期消毒，定期检查公母兔是否有生殖道疾病，如若发现应及时隔离治疗或

淘汰，人工授精时要对器械进行严格消毒处理，防止感染发病。加强母兔采光，每天补充青草或维生素，对于过肥母兔要减少饲喂量，相对较瘦的母兔要添加饲喂量。

② 治疗。有生殖道疾病的要及时治疗，采用 0.1% 高锰酸钾溶液冲洗子宫、阴道，同时用磺胺间甲氧嘧啶进行全身给药，每千克体重 200 毫克，肌内注射，一天 1 次，连用 3 天。有的母兔可采用激素进行催情促排卵，孕马血清，每兔 25~40 单位，肌内注射，48 小时后每兔注射促排卵 3 号 1 微克。久治不孕的母兔要做淘汰处理。

38. 怎样诊治母兔流产、死胎？

流产、死胎是指在各种影响因素下导致母兔妊娠中断或胚胎死亡的一类疾病。

（1）病因

① 饲养管理不当。如母兔怀孕期间突发高分贝噪音影响，检胎、抓兔等动作过大等机械性作用引起流产；有的母兔因初配年龄过早也会导致流产；近亲繁殖容易导致优良品种退化，产生流产、死胎、畸形胎等。

② 中毒因素。主要包括饲料霉菌毒素超标，母兔误食入有毒物质（有机磷农药、灭鼠药等），都会造成母兔流产、死胎。

③ 药物因素。怀孕期间母兔服用了驱虫药、烈性泻药以及子宫收缩药物也会造成母兔流产、死胎。

④ 营养性因素。怀孕期间，特别是怀孕后期，母兔和胚胎对营养需要量明显提高，这一时期如果饲料营养价值不足或不平衡很容易导致流产、死胎。

⑤ 疾病因素。许多病原微生物感染也会导致流产死胎，如沙门氏菌、李氏杆菌等。

（2）症状 怀孕母兔产出未足月的活胎儿、死胎、足月死亡的胎儿、畸形胎，产出未足月的活胎儿，很难饲养，有的死胎不能产出，留在母兔子宫内形成木乃伊胎。已流产母兔常出现食欲减退，体温升高，阴道不断流出暗红污秽物，个别病例有腥臭的脓性液体；兔笼底下可见血液和不足月胎儿。而隐性流产一般发生在妊娠早期，即胎儿被母兔吸收，母兔表现腹围逐渐缩小，无其他症状。

发现怀孕母兔提前分娩或分娩出死胎，触摸腹部母兔体内有死胎即可做出确诊。

（3）治疗

① 预防。该病重在预防，加强饲养管理，保持母兔怀孕期间营养供给，保证饲料品质的安全；保持兔场环境安静，免受噪音影响。怀孕期间最好不要进行免疫接种工作；胎检时动作要轻。怀孕母兔要慎用药，驱虫药、泻药、子宫收缩药物等可导致流产不能使用。同时做好兔场种兔的系谱工作，避免近亲配种。

② 治疗。一旦发生该病，无任何有效治疗措施，重在预防。

39．怎样诊治母兔难产？

难产是指怀孕母兔超过怀孕期限后不能自主顺利地产出胎儿或部分胎儿。

（1）病因 导致母兔难产的主要有如下原因。

① 母兔产道狭窄。主要因母兔配种过早，母兔自身并未成熟或发育完善，骨盆腔较小，胎儿不能顺利通过产道产出造成难产；有的是因骨折或肿瘤挤压导致产道狭小而难产。

② 胎儿异常。主要包括胎儿过大，胎儿胎势、胎位、胎向异常导致胎儿不能产出造成难产。

③ 产力不足。主要是老龄母兔在分娩时子宫收缩能力不足，以及母兔体况较差或过肥等而导致的产力不足造成难产。

④ 气候因素。在炎热季节，由于气温较高也容易导致母兔难产。

（2）症状 到分娩期的母兔出现分娩征兆，但不能顺利产出胎儿，有的只能产出部分胎儿。难产母兔努责明显，痛苦不堪，产道有血水流出；触摸腹部可感觉有胎儿。

若超过怀孕期限的母兔不能自主顺利产出胎儿可判定为难产。

（3）防治

① 预防。防止母兔配种过早，不同品种家兔的初配年龄不同，一定要严格按照各品种的初配年龄进行配种。要保持母兔的配种、怀孕、分娩体况，防止过肥、过瘦或体质虚弱等情况出现，对老龄母兔

要及时淘汰。在气候炎热季节若无降温措施可停止繁殖。

② 治疗。对产道、胎位、胎势正常而不能顺利生产的母兔，可肌内注射催产素，每兔 10 单位，一般 1~2 小时后可产出。若胎儿已经有部分伸出母体外，可人工助产。因产道狭窄或胎儿过大、胎位不正的，可进行剖宫产。

40. 怎样诊治母兔产后瘫痪？

产后瘫痪是指母兔产后 1 周内出现的以站立不起、全身瘫软为特征的一种代谢性疾病。

（1）病因　产前缺乏阳光照射和足够的运动；日粮中钙磷不足或钙磷比例失调；产仔窝次过密，哺乳仔兔过多；饲料中毒或患其他疾病。产仔多的母兔，以及产后泌乳量大的母兔更易发生该病。

（2）症状　母兔产后突然出现后肢站立不起或全身瘫软，伏于笼底板上，不能站立，采食减少或不食，精神萎靡，时间长了出现体温下降。

（3）防治

① 预防。保持日粮中钙、磷含量和比例之间的平衡，特别是怀孕后期和产后母兔的日粮。一般母兔日粮中磷酸氢钙含量为 1%，石粉为 0.7%，对高产母兔可在产后适当补充钙。

② 治疗。该病主要是缺钙所致，因此补充钙制剂有特效。10% 葡萄糖酸钙，每兔 10 毫升，静脉缓慢注射，每天 1 次，连用 3~5 天；或肌内注射维丁胶性钙 1~2 毫升。

41. 怎样诊治母兔缺乳或泌乳不足？

母兔产后表现出缺乳或泌乳量少，不能满足仔兔需要的一种疾病。

（1）病因　引起母兔缺奶或泌乳不足的原因较多，除先天性的乳腺发育不全，瞎乳头和因母兔年龄过小，乳腺尚未发育完善，或年龄过大，乳腺已萎缩，激素分泌紊乱以外，绝大多数情况是与母兔营养不良直接相关。如日粮营养水平低，喂量少，供给营养不足，日粮搭配不合理，缺少蛋白质或维生素（青绿多汁饲料）；或母兔患有其他寄生虫病和消耗性疾病，导致消化不良，使营养吸收出现障碍等。

（2）症状 缺乳或无乳，主要表现为乳房和奶头松弛、柔软或萎缩变小；母兔不愿哺乳，仔兔因饥饿而不停地在产箱内爬行、吱吱叫，消瘦，增重缓慢，甚至饥饿而死。

（3）防治

① 预防。对本病预防的重点是加强怀孕后期和哺乳期母兔的饲养管理，保证营养供给，增添青绿多汁饲料，煮花生或黄豆，特别是含胡萝卜素丰富的饲料；防止早配；淘汰老龄母兔。

② 治疗。使用催乳和开胃健脾的药物，如穿山甲、木通、通草、党参、山楂、陈皮等（忌喂麦芽）。还可用催乳片口服，每只2~3片，每天1次，连用4~5天。同时，加强营养和增加青绿多汁饲草。

42．怎样诊治家兔脚皮炎？

家兔脚底部出现破皮、损伤、炎症、化脓性感染等症状的一种疾病。

（1）病因 主要是由于家兔长期饲养于兔笼内，脚底部皮肤被笼底的粗糙不平或尖锐异物刺伤、刮伤，继发细菌感染后发生化脓性或溃疡性炎症。还有的种兔因体型大，长期在无竹笼底板的铁丝上站立，因铁丝较细，使脚底单位面积承载重量过大，长期这样引起兔脚底皮肤出现压迫性炎症。

（2）症状 脚趾部脚皮炎病兔表现出患肢疼痛，不愿着地，四肢频繁交替支撑身体；脚掌发生脚皮炎，患兔脚掌出现大小不等的带有痂皮样的溃疡灶。一般脚皮炎发生后都会继发细菌性感染，患部出现化脓性炎症或积脓。食欲下降，到后期身体逐渐消瘦。

（3）防治

① 预防。保证兔笼底板平整光洁，无锋利物体，种兔笼宜垫竹制的笼底板。

② 治疗。发现病兔，立即隔离治疗，一般发现越早，治愈效果越好。对患病部位先清除外层痂皮和坏死组织，然后用双氧水或新洁尔灭清洗消毒患部，在患部涂上紫药水、青霉素软膏或红霉素软膏等，最后用纱布包裹好患部，把病兔做单笼饲养，要连续治疗，症状

轻微的恢复较快。对于病情严重的患兔做淘汰处理。患部化脓的要先排出脓液，再进行清洗、消毒、上药。

43. 怎么防治家兔结膜炎？

结膜炎是指病兔眼角膜、眼睑出现炎症、流泪为特征的疾病。

（1）病因　引起家兔结膜炎的病因很多，主要有以下两类。

① 病原微生物类。许多病原微生物可引起家兔结膜炎，如衣原体、多杀性巴氏杆菌等。

② 非病原微生物类。主要包括兔舍内长期空气质量较差，氨气、二氧化硫等有害气体长期刺激所致；异物性结膜炎，如污秽尘埃等；有毒有害的化学物品，如使用强刺激性或高浓度的消毒剂带兔消毒等；营养性缺乏也可导致结膜炎，如维生素 A 缺乏等。

（2）症状　病兔初期眼角膜、眼睑出现红、肿、热、痛等炎性症状，眼流出浆液性分泌物，分泌物打湿眼周围被毛。到后期炎症越发严重，分泌物转化为粘液性、脓性，致眼睑粘连，角膜发炎、浑浊甚至溃疡，严重时可引起全眼球炎直至失明。

（3）防治

① 预防。加强饲养管理，保持兔舍清洁干净，通风换气良好，防止污秽尘埃、粉尘等侵害家兔，带兔消毒时不能使用强刺激和高浓度消毒剂，防止强光照射，适当补充维生素 A 等。

② 治疗。发生结膜炎的家兔要及时治疗，可选用 0.01% 新洁尔灭溶液、2% 硼酸溶液，配合抗生素类眼药水，如 0.6% 黄连素眼药水等进行点眼，1 天 2 次，治愈为止。对顽固性化脓性结膜炎，可先用 2% 的硝酸银溶液清洗，再用生理盐水冲洗，同时，结合使用金霉素眼膏、氢化可的松眼药水等治疗。

44. 如何诊治家兔中暑？

家兔长时间处于烈日下暴晒或高温闷热环境下，引起体温调节功能紊乱，出现呼吸、心跳加快，全身瘫软，抽搐痉挛，口吐白沫等症状为中暑。

（1）病因　家兔汗腺不发达，对热十分敏感。长时间处于烈日直接暴晒或兔舍闷热，通风效果较差等都容易引起中暑。本病多发于炎热盛夏或长途运输。各种年龄的兔都可发病，以孕兔和幼兔为多见。

（2）症状　发病突然，体温升高，呼吸急促，心跳加快，可视黏膜潮红，有的患兔还会出现带血的鼻液分泌物；患兔不食，精神沉郁，全身瘫软，不能站立。严重者发生昏迷，全身痉挛，呼吸困难，口吐白沫等症状，很快死亡。

（3）病理变化　剖检可见鼻腔和气管有带血泡沫，肺充血水肿，脑和脑膜充血水肿；其他脏器无明显变化。

（4）防治

① 预防。在炎热夏季要采取防暑降温、通风换气措施。避免太阳光直接照射家兔，兔舍外要种植高大乔木遮避阳光，也可采用遮阳网搭建在兔舍上方，可降低阳光直射和起到一定降温效果。兔舍内要安装排风扇，使兔舍内的空气能自由流通。在夏季还要减少兔舍内的饲养密度。可在中午时添喂 1 次青草、西瓜皮等；在饮水中可添加十滴水，按 3%~5% 浓度添加，效果明显。长途运输应尽量安排在夜间，装载不要过于拥挤，注意通风和休息，供应充足的饮水。

② 治疗。发现兔中暑，立即将其移放到阴凉通风处，同时进行耳静脉放血，口服藿香正气液 2 毫升，十滴水 2~3 滴或人丹丸 2~3 粒。也可适度用冷水或冰块外敷或冷生理盐水灌肠。口服或静脉注射 5% 葡萄糖盐水 15~20 毫升。

45．怎样诊治家兔佝偻病？

佝偻病是仔兔的一种以钙、磷缺乏（维生素 D 不足）的一种代谢障碍性疾病。

（1）病因　主要病因为日粮中钙、磷缺乏，钙磷比例不平衡或维生素 D 不足等原因导致。

（2）症状　先天性佝偻病表现为头面骨肿大，四肢关节肿大，行动不便。后天性的佝偻病表现出异食癖，四肢骨畸形，出现"X"腿；病重期四肢麻痹，卧地不起，消瘦。

根据典型的症状和饲料分析可确诊。血液检查钙的含量明显低于正常兔。

（3）防治

① 预防。加强日粮的合理调配，保证日粮中要有足够的维生素D、钙、磷，钙磷比例要平衡。

② 治疗。病兔可肌内注射维生素 AD 注射液，每次 0.5~1 毫升；维生素 D_2 胶性钙注射液皮下或肌内注射 0.5~1.0 毫升。若日粮中钙磷不足，可按比例添加钙磷。在饮水中，可添加维生素 D 可溶性粉。

46. 怎样诊治家兔有机磷中毒?

家兔采食了含有有机磷杀虫药的饲草、饮水或在驱体外寄生虫时使用不当等而引起的中毒性疾病。

（1）病因　家兔有机磷中毒主要有以下几种方式或途径：家兔误食了刚打过农药的牧草或被农药污染了的饲料。采用有机磷药物进行兔体外寄生虫驱虫时，药物的浓度过高、用量过大，或舔食了喷雾或药浴时留在体表的驱虫药而引起有机磷中毒。采用有机磷药物驱除体内外寄生虫时，与碱性物质混用可增加有机磷药物的毒性，也容易导致中毒。

（2）症状　家兔有机磷中毒后首先出现食欲废绝，流涎，呕吐、腹痛、腹泻，兴奋不安，抽搐，痉挛，瞳孔缩小，呼吸急促，心跳加快，体温下降，到后期站立不稳，全身瘫软，四肢呈划水状运动，痛苦难受，直至死亡。

（3）病理变化　气管、食道内有泡沫状分泌液，胃肠道出血，黏膜易脱落，肠管内有黏液样物质充盈。有时可在胃肠道闻到有机磷药物的特殊气味；肺部有点状出血。

（4）防治

① 预防。不要喂刚喷洒过农药的青草；不能用清洗盛放过农药用具的水喂兔；不能用盛放过农药的口袋、盆等用具盛放饲料以免中毒。在采用有机磷杀虫驱虫时一定要慎用，最好使用毒性较小、浓度较低的药物。

② 治疗。发现有机磷中毒必须尽早治疗。采用硫酸阿托品注射液，肌内、皮下或静脉注射，每次每千克体重 0.1~0.5 毫克，每隔2~4 小时 1 次，直至症状缓解为止。同时，静脉或肌内注射解磷定，

每千克体重 15~30 毫克，每天 2~3 次。病情严重的可静脉或腹腔注射 5% 葡萄糖生理盐水，每兔 20 毫升。

47. 怎样诊治家兔霉菌毒素中毒？

家兔因食入霉变或霉菌毒素超标的饲草、饲料而发生的中毒性疾病。

（1）病因 在兔的饲料中，玉米、花生、豆饼等霉变后，霉菌会大量滋生，并产生毒素，其中最主要的是黄曲霉菌及其毒素。家兔霉菌毒素中毒主要是采食了发霉、变质的饲料、牧草或长时间采食眼观没霉变但霉菌毒素明显超标的饲草、饲料。

（2）症状 仔幼兔中毒表现为拉稀、粪便呈黑褐色，有时带有血液；患兔精神不振，食欲减退或废绝，后期出现口唇皮肤发绀，可视黏膜黄染、耳根、四肢末梢冰凉，四肢无力，软瘫，全身麻痹而死。母兔霉菌毒素中毒后，表现为采食量下降，不易受孕，妊娠母兔出现普遍性流产、死胎等症状。采用药物治疗一般无效。

（3）病理变化 可见肝脏明显肿大，质地变脆，表面有出血斑点。胃肠道黏膜充血、出血。慢性中毒死亡的家兔可见肺部有大小不一的霉菌结节，肝脏呈淡黄色，不同程度硬化。

（4）防治

① 预防。加强饲料和原料的管理存储工作，饲料及原料要放在干燥的地方存储，且不漏雨水，不能直接放在地面。霉变、结块的饲料以及腐败的饲草不能饲喂家兔，每天要及时清理食槽中的剩料。自配饲料的要加强饲料原料的采购，在饲料中添加防霉和脱霉剂。

② 治疗。若发现霉菌毒素中毒，要立即停止饲喂霉变或霉菌毒素超标的饲草、饲料。可在饮水中按 5% 加入葡萄糖和大剂量维生素 C，连用 1 周，有一定保肝排毒作用。还可在饮水中按 2% 浓度添加碳酸氢钠粉，连续饮水 1 周。

48. 怎样诊治家兔食盐中毒？

家兔食盐中毒是指家兔一次性采食了过量的食盐或长期食入高盐量饲料或饮水而导致的一种中毒病。

（1）病因　食盐在兔料中添加量一般为 0.3%~0.5%。导致食盐中毒的原因主要有：地下水中的含盐量较高，长期直接饲喂家兔；高盐量的鱼粉或高盐量的日粮饲喂家兔；还有在配制饲料时把食盐剂量算错，导致添加过量等。

（2）症状　食盐中毒的病兔初期表现为饮水量增加，眼可视黏膜潮红，食欲废绝，兴奋不安，有的表现腹泻症状；到后期患兔出现呼吸困难，四肢抽搐，站立不稳，若不及时治疗，很快死亡。

（3）病理变化　剖检可见脑水肿明显，肠道黏膜充血、出血。

（4）防治

① 预防。兔场自己打的地下水，使用前最好先检测食盐含量。含盐量高的水不能直接供家兔饮用。一般日粮中食盐的添加量不宜超过 0.5%，并保证食盐在饲料中的混合均匀。

② 治疗。立即停止饲喂含盐量高的饲料或饮水，保证兔群有充足的饮水。静脉或腹腔注射 10% 葡萄糖溶液，每兔 20~30 毫升。灌服肥皂水每兔 10 毫升帮助肠道内容物排出。

49．怎样诊治家兔棉籽饼中毒？

棉籽饼中的有毒成分棉酚，是导致家兔中毒的根本原因。

（1）病因　棉籽饼是家兔日粮中常用的蛋白质原料，但在棉籽饼中含有有毒成分棉酚，棉酚在兔体内排泄缓慢，有蓄积作用，对家兔的繁殖性能有严重的伤害作用。一般食用的棉籽饼必须经过脱毒处理才能使用，因长期使用未经脱毒的棉籽饼造成家兔中毒或在家兔日粮中添加的脱毒棉籽饼过多也容易发生中毒现象。相对而言，仔幼兔和怀孕母兔对棉籽饼中棉酚毒素比较敏感。受棉酚的限制，棉籽饼适宜添加量为 1%~2%，种兔料不宜使用。

（2）症状　棉籽饼中毒一般具有群体性发病的特点，一般是长势较好，采食量较大的家兔先中毒发病。中毒初期家兔只是出现采食量下降的征兆，到中后期出现患兔食欲废绝，精神萎靡，头低耳聋，全身瘫软，站立不稳，呼吸急促，有的出现血尿症状，仔幼兔中毒多表现有腹泻等消化道症状，一般脱水消瘦而死。怀孕母兔出现流产、死胎的繁殖障碍综合症状。

（3）病理变化　仔幼兔中毒可见患兔胃肠道黏膜出血，长期中毒的肾脏也可见出血，有的膀胱中积有血尿。怀孕母兔子宫内膜充血、出血，有的胎儿已经死在腹中，死胎呈木乃伊样。

根据病史和症状可初步诊断本病。确诊需对日粮中的棉酚含量进行检测，是否超出家兔耐受量。

（4）防治

① 预防。作为蛋白日粮使用的棉籽饼必须经过脱毒处理，脱毒的方法主要通过炒、蒸等加热的方式进行脱毒；商品兔日粮中棉籽饼的添加量一般不超过 8%，而繁殖种兔的添加量不能超过 3%。

② 治疗。发现棉籽饼中毒迹象后立即停止饲喂该日粮。治疗原则为：清理胃肠。一般停食 1 天，同时在饮水中添加 6%~8% 硫酸镁泻药，连用 3 天；抗菌消炎。在饮水中添加氟哌酸，每升水中加 100 毫克，连用 3 天；辅助治疗。在饮水中添加葡萄糖、复合维生素类等药物，连用 1 周。在治疗过程中一定要保证充足饮水。

50. 怎样诊治家兔菜籽饼（粕）中毒？

菜籽饼（粕）中的毒素导致家兔的一种中毒病。特别是未经脱毒处理的菜籽饼直接饲喂家兔，极易引起中毒。

（1）病因　传统压榨工艺生产的菜籽饼，兔料添加量 1%~2%；浸提工艺生产的菜籽饼，兔料添加量 3%~6%。如果长期在家兔饲粮中使用未经脱毒处理菜籽饼或添加剂量过大，可导致发病。

（2）临床症状　少数急性中毒的病例表现为突然死亡。多数位慢性中毒，中毒兔表现为食欲减退或废绝、精神沉郁、呼吸困难、腹痛、消化紊乱。有的中毒兔还会出现神经症状。

（3）病理变化　剖检中毒兔，可见肺部出现气肿、水肿症状，胃肠黏膜脱落严重，还伴有出血症状。

根据发病史，临床症状，病理变化可作出初步诊断，确诊必须检测饲粮组分，特别是菜籽饼含量及其毒素含量。

（4）防治

① 预防。在采用菜籽饼作为兔饲粮原料添加时，一定要严格控制添加量，一般添加量不宜超过 8%。同时菜籽饼必须经过脱毒处

理，目前常用于菜籽饼脱毒的方法有土埋法、水煮法、碱处理法等。

② 治疗。发现中毒症状后，立即停止使用饲粮。采用对症治疗、抗菌消炎的措施进行治疗，治疗措施同棉籽饼中毒。加强护理，多饮水。

51. 怎样诊治家兔马杜拉霉素中毒？

因过量使用马杜拉霉素防制兔球虫病时导致的中毒性疾病。

（1）病因　马杜拉霉素是一种聚醚类抗生素，主要用于防制禽的球虫病，但家兔对该药物比较敏感，且药物的安全范围比较窄，很容易使家兔发生中毒现象。一般都是因使用马杜拉霉素进行驱球虫时，添加过量或混合不均而导致中毒。

（2）症状　中毒兔表现为精神不振，头低耳耷，采食量下降或不食，全身瘫软，体温下降。

（3）病理变化　剖检可见肺部出血性水肿，肝脏色泽淡黄、质地较脆，肿大；肾脏肿大、充血、出血；胃肠道也有充血、出血。

根据兔群最近或正在使用马杜拉霉素驱虫的病史，结合临床症状和病理变化可做出诊断。

（4）防治

① 预防。禁止用马杜拉霉素进行驱家兔球虫，家兔球虫的防制常采用氯苯胍、地克珠利。

② 治疗。发现中毒后，立即停止使用马杜拉霉素，其治疗原则和方法同棉籽饼中毒的治疗方法。

参考文献

[1] 谷子林, 秦应和, 任克良. 中国养兔学 [M]. 北京: 中国农业出版社, 2013.

[2] 谢晓红, 易军, 赖松家. 兔标准化规模养殖图册 [M]. 北京: 中国农业出版社, 2012.

[3] 杨正. 现代养兔 [M]. 北京: 中国农业出版社, 1999.

[4] 谷子林, 薛家宾. 现代养兔实用百科全书 [M]. 北京: 中国农业出版社, 2007.

[5] 黄邓萍. 规模化养兔新技术 [M]. 成都: 四川科学技术出版社, 2003.

[6] 任永军. 轻松学养家兔 [M]. 北京: 中国农业科学技术出版社, 2014.